夏休みドリル
これだけは！1年生《ねんせい》のか

一
イチ イツ
ひと ひとつ
・一《ひと》つ

一

右
ウ ユウ
みぎ
・右《みぎ》

ノ ナ 才 右 右

雨
ウ
あめ あま
・雨《あま》ぐも

一 ㇀ 冂 帀 帀 雨 雨 雨

円
エン
まるい
・百円《ひゃくえん》

丨 冂 冂 円

花
カ
はな
・花《はな》

一 十 艹 ⺾ 花 花 花

貝
かい
・まき貝《がい》

丨 冂 冃 月 目 貝 貝

学
ガク
まなぶ
・学校《がっこう》

丶 丷 ⺍ 学 学 学 学 学

気
キ ケ
・気《き》もち

ノ 𠂉 ⺧ 气 気 気

空
クウ
そら あく
あける から
・空《そら》

丶 丷 宀 穴 空 空 空 空

月
ゲツ ガツ
つき
・三日月《みかづき》

丿 冂 月 月

犬
ケン
いぬ
・犬《いぬ》

一 ナ 大 犬

見
ケン
みる みえる
みせる
・見《み》る

丨 冂 冃 月 目 貝 見

三
サン
み みっつ
・三《みっ》つ

一 二 三

山
サン
やま
・山《やま》

丨 山 山

子
シ ス
こ
・子《こ》ども

㇇ 了 子

四
シ
よ よっつ
よっつ よん
・四《よっ》つ

丨 冂 冂 四 四

車
シャ
くるま
・じどう車《しゃ》

一 丆 冂 冃 亘 車 車

手
シュ
て（た）
・手《て》

一 二 三 手

十
ジュウ
ジッ〈ジュッ〉
とお と
・十《とお》

一 十

出
シュツ
（スイ）
でる だす
・日《ひ》の出《で》

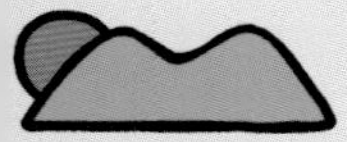

丨 屮 屮 出 出

夏休《なつやす》みドリル《どりる》

さんすう

小学《しょうがく》1年《ねん》

ドリル《どりる》を　やり
おわったら、とくてんを
かいて、シール《しいる》を
はりましょう。

もくじ

月《がつ》　日《にち》

5までの　かず

1 □に　すうじを　かきましょう。

1つ5てん→25てん

いち	に	さん	し（よん）	ご
□	□	□	□	□
●	●●	●●●	●●●●	●●●●●

2 かずを　かぞえて　□に　すうじを　かきましょう。

1つ5てん→25てん

①

□

②

□

③

□

④

□

⑤

□

まずは、1から
5までの　すうじに
なれよう。

とくてん　　てん

シール《しいる》

3 かずを　かぞえて　□に　すうじを　かきましょう。

1つ6てん→30てん

りす  □ びき

とり  □ わ

き  □ ぽん

どんぐり  □ こ

はな  □ りん

4 □に　あてはまる　すうじを　かきましょう。

1つ5てん→20てん

月《がつ》　日《にち》

10までの　かず

1 □に　すうじを　かきましょう。　1つ5てん→25てん

ろく	しち(なな)	はち	く(きゅう)	じゅう
□	□	□	□	□
		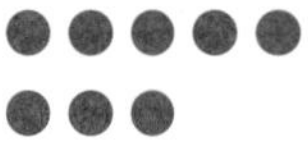	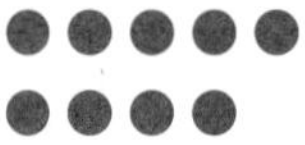	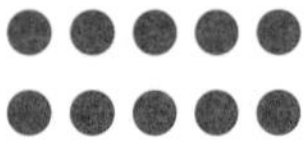

2 かずを　かぞえて　□に　すうじを　かきましょう。

1つ5てん→25てん

①

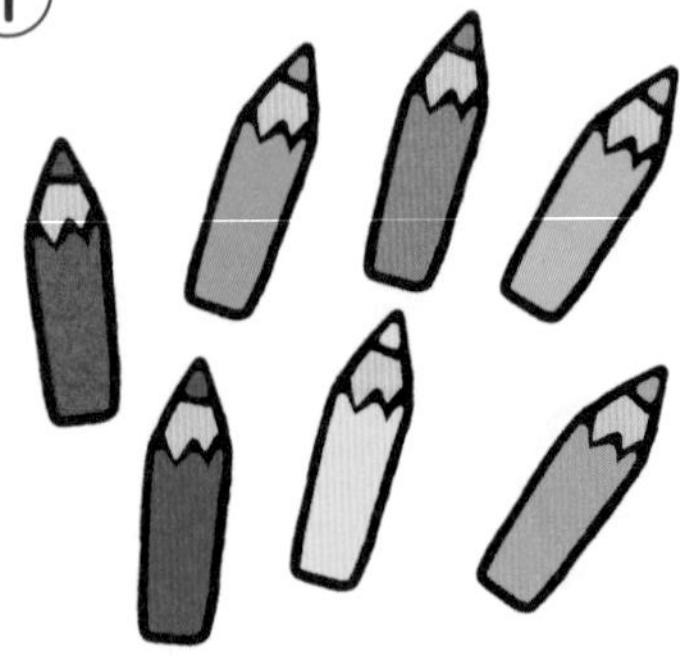

□

②

□

③

□

④

□

⑤

□

つぎは、6から
10までの　すうじに
なれよう。

とくてん

てん

シール《しいる》

3 □に　あてはまる　すうじを　かきましょう。　1つ5てん→20てん

4 ひだりと　みぎで　おなじ　かずの　ものを
せんで　むすびましょう。　1つ6てん→30てん

7 ・　　　・ 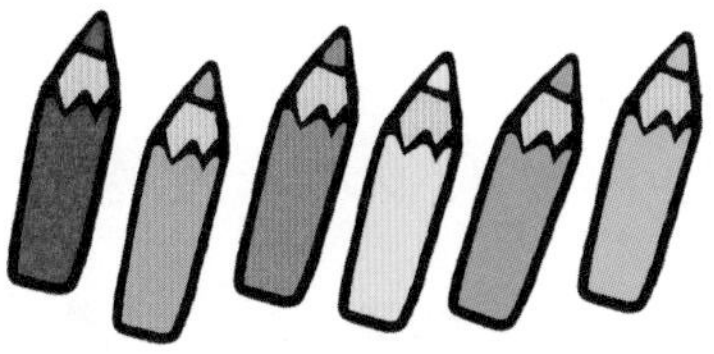

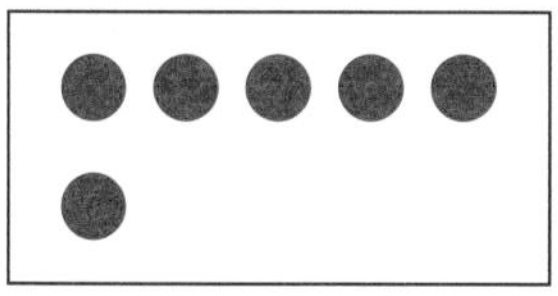 ・　　　・ 

10 ・　　　・ 9

 ・　　　・ 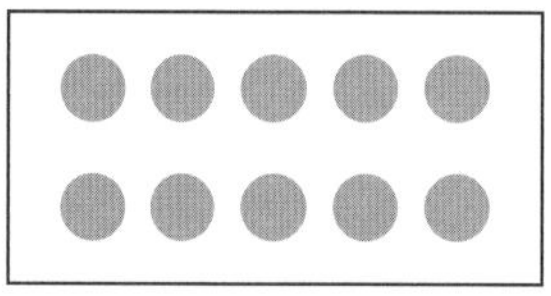

 ・　　　・ 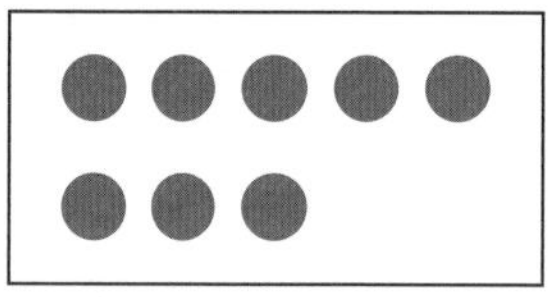

さんすう 3

月《がつ》　日《にち》

なんばんめ

1 ○で　かこみましょう。

1つ8てん→24てん

①まえから　4ばんめの　カメレオン《かめれおん》

（まえ）  （うしろ）

②うしろから　5ばんめの　とり

（まえ）  （うしろ）

③うしろから　3だいめの　くるま

（まえ）  （うしろ）

2 したの　えを　みて　こたえましょう。

1つ8てん→32てん

（ひだり）  （みぎ）

いぬ　ねこ　きつね　にわとり　ひつじ　ぶた　りす

① ねこは　ひだりから □ ばんめです。

② ひつじは　みぎから □ ばんめです。

③ □ は　ひだりから　3ばんめです。

④ みぎから　4ばんめは □ です。

とくてん　　　　てん

シール《しいる》

3 みぎの　えを　みて　こたえましょう。

1つ4てん→12てん

① くまは　うえから　□　ばんめです。

② パンダ《ぱんだ》は　うえから　□　ばんめです。

③ うさぎは　したから　□　ばんめです。

(うえ)

うさぎ
パンダ《ぱんだ》
くま
ねずみ

(した)

4 えを　みて、もんだいに　こたえましょう。

1つ8てん→32てん

(うえ)

(ひだり) 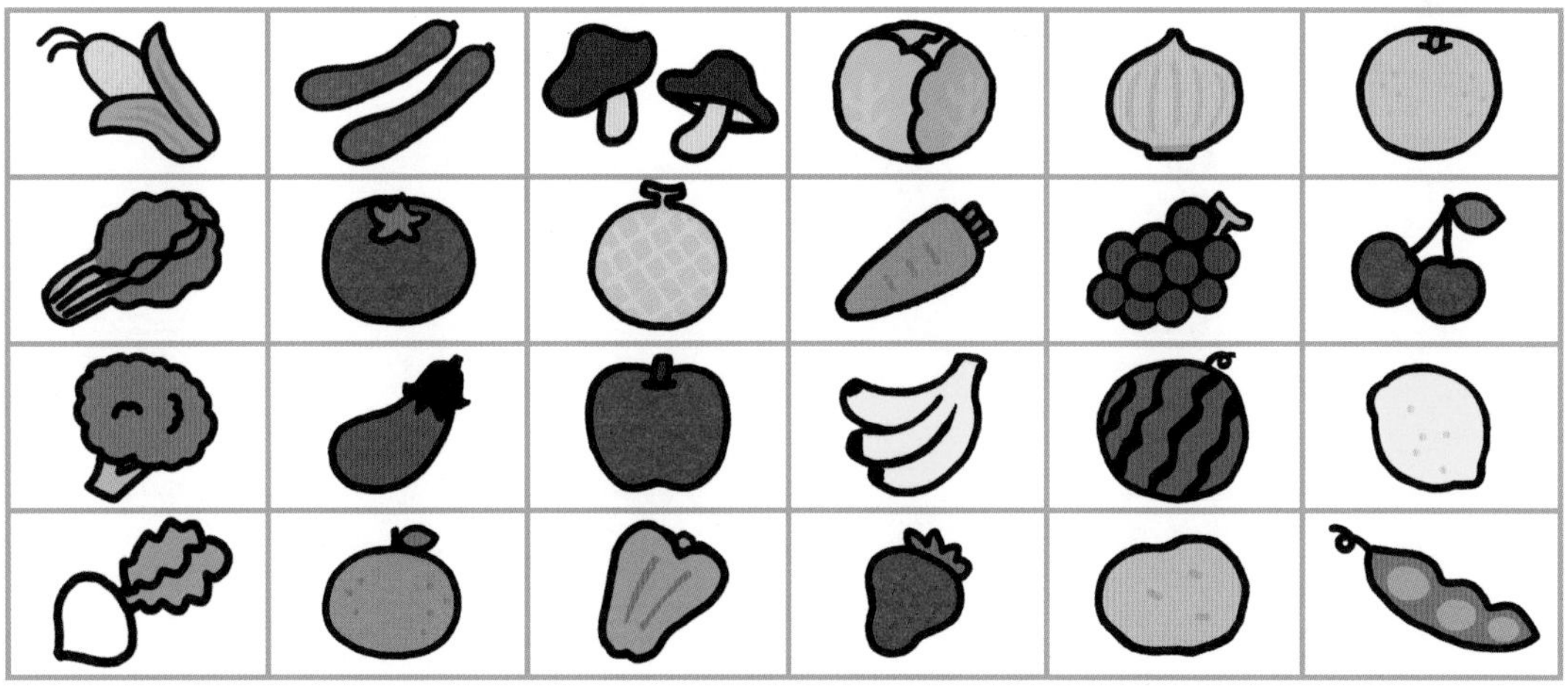 (みぎ)

(した)

①  は、うえから　□　ばんめ、

みぎから　□　ばんめに　あります。

②  は、したから　□　ばんめ、

ひだりから　□　ばんめに　あります。

さんすう 4

月《がつ》　日《にち》

いま　なんじ

1 なんじですか。または、なんじはんですか。　1つ6てん→36てん

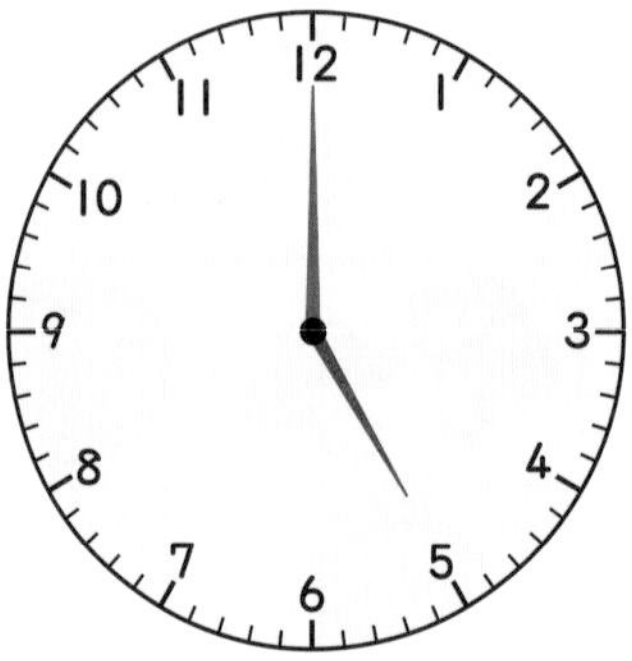

2 11じはんの　とけいを　さがして　□に
○を　かきましょう。　12てん

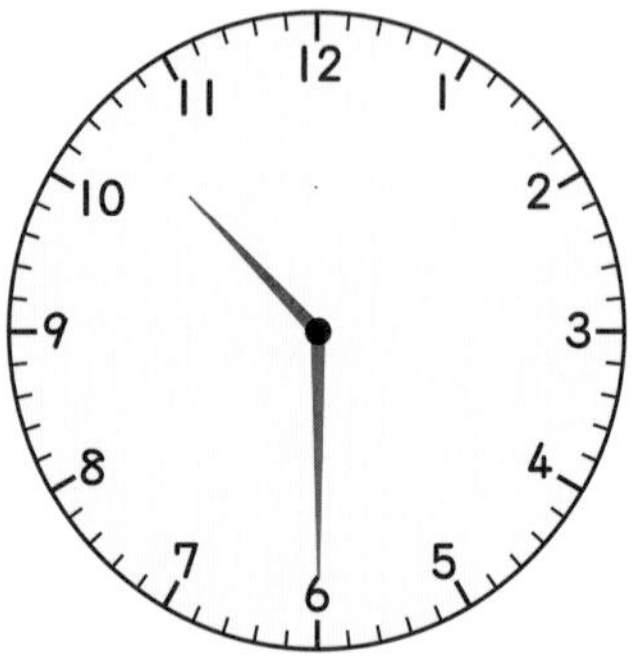
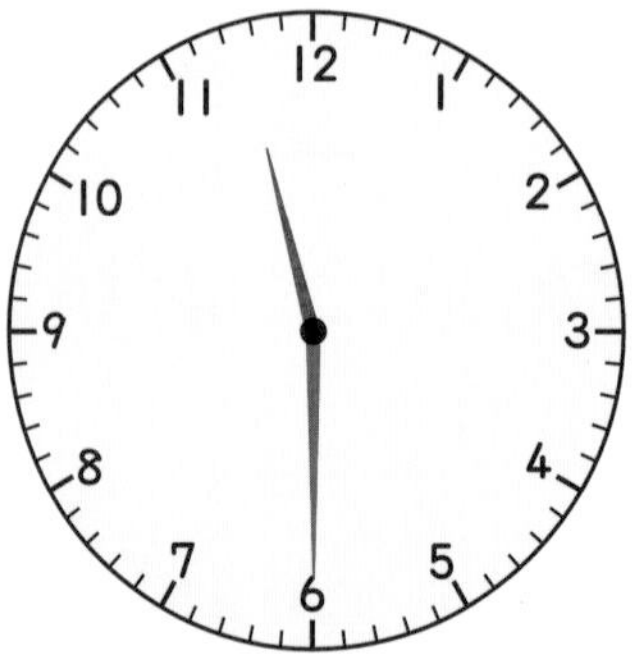

みじかい　はりと
ながい　はりの　いちに
きを　つけて　よもう。

とくてん

てん

シール《しいる》

3 とけいの　ながい　はりを　かきましょう。

1つ6てん→36てん

3じ

12じはん

7じ

9じ

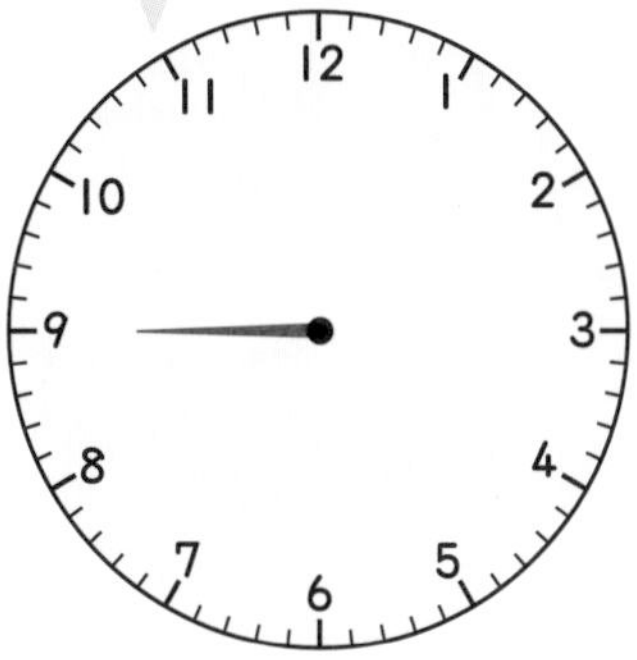

6じ

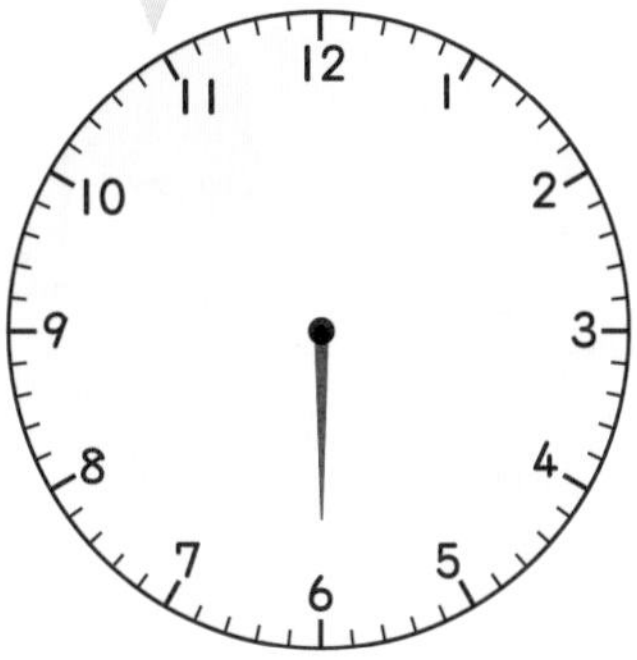

5じはん

4 とけいを　よんで、せんで　むすびましょう。

1つ4てん→16てん

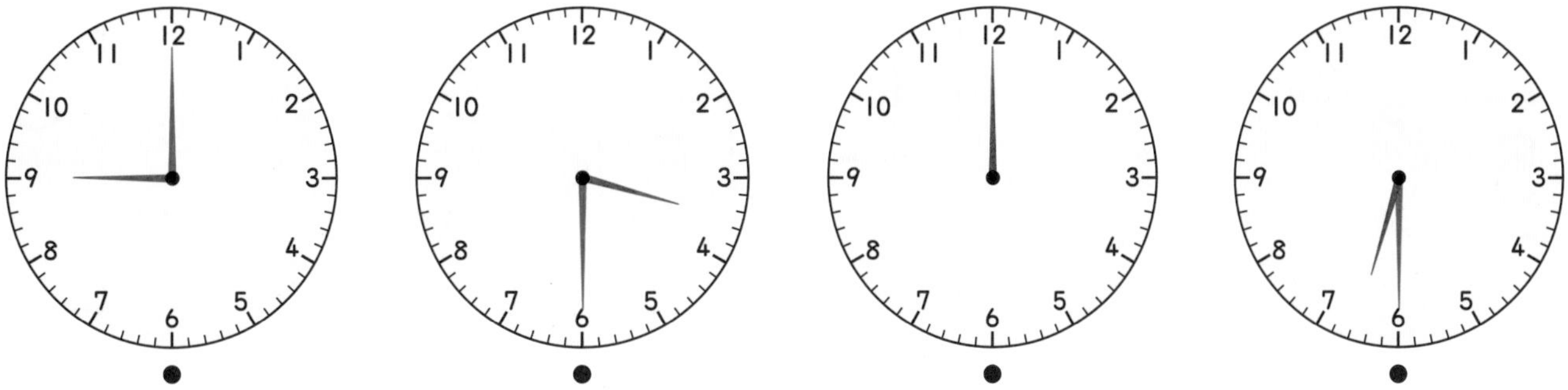

3じはん	9じ	6じはん	12じ

さんすう 5

月《がつ》　日《にち》

いくつと　いくつ（1）

1 5この　いちごを　２つの　おさらに　わけます。
みぎの　おさらには　いちごが　いくつ　のるでしょうか。
□に　その　すうじを　かきましょう。　1つ4てん→8てん

①

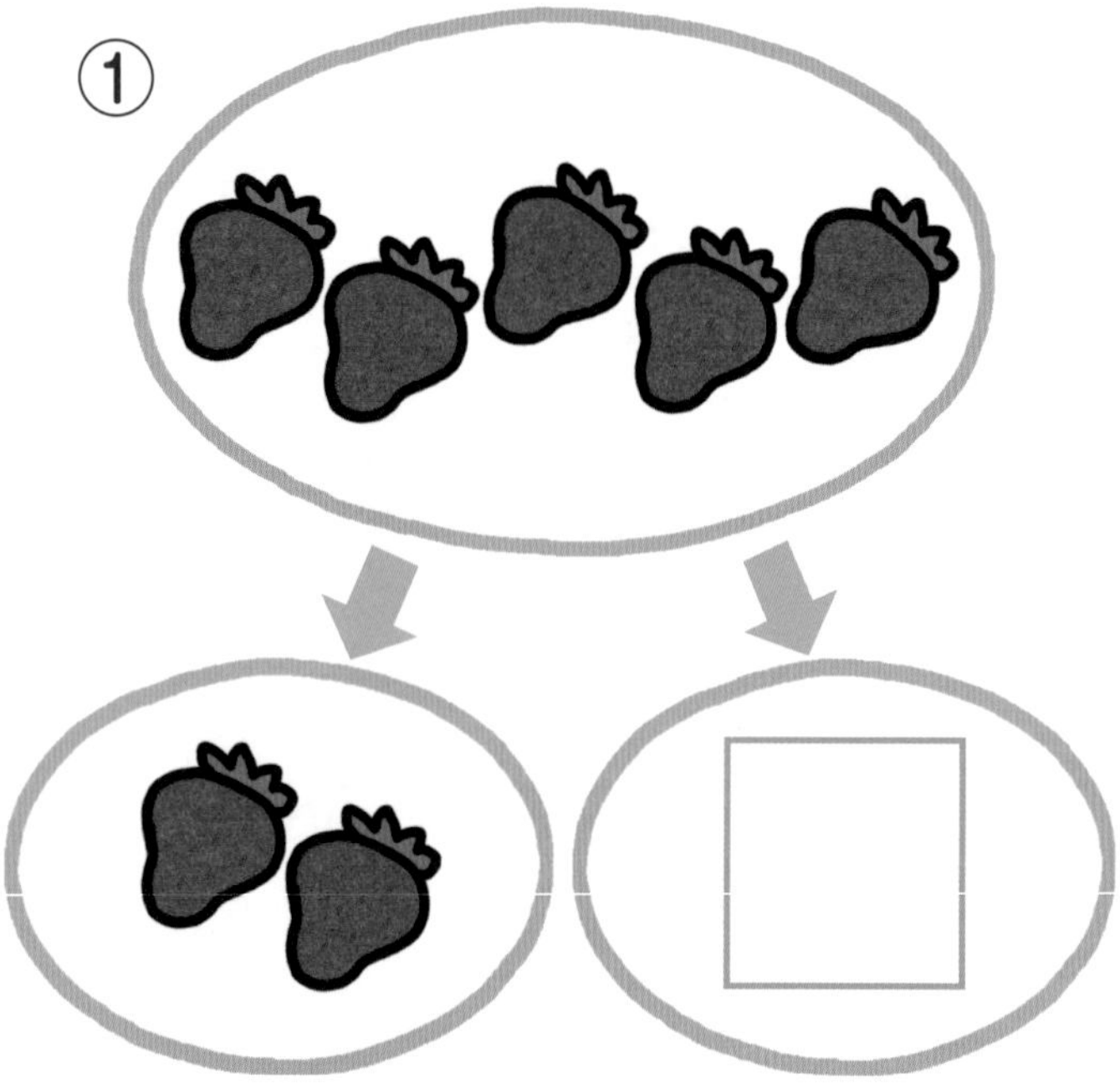

②

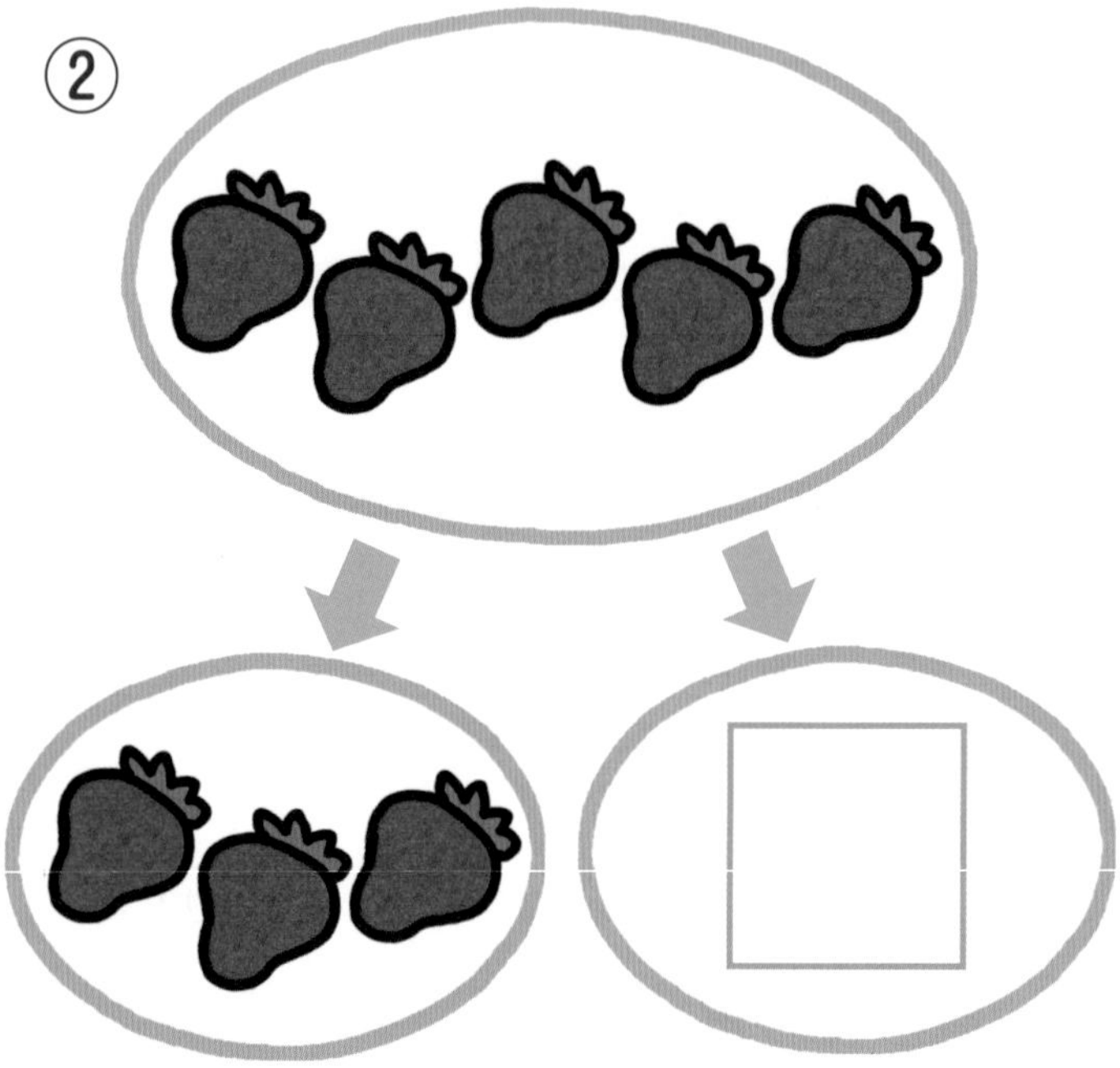

2 わけた　かずの　ぶん、○に　いろを　ぬって、□に
あてはまる　すうじを　かきましょう。　1つ7てん→28てん

①

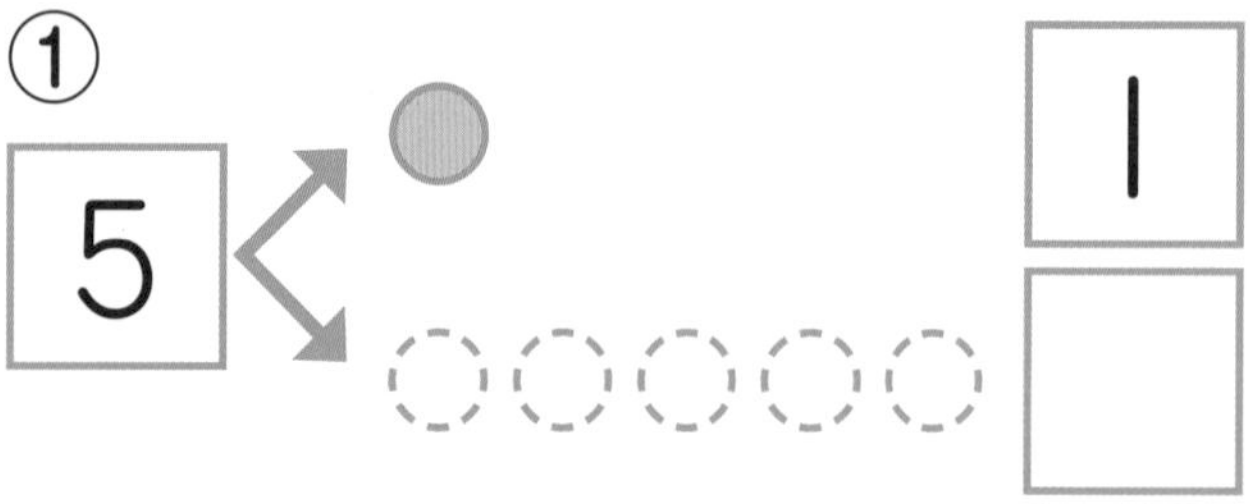

②

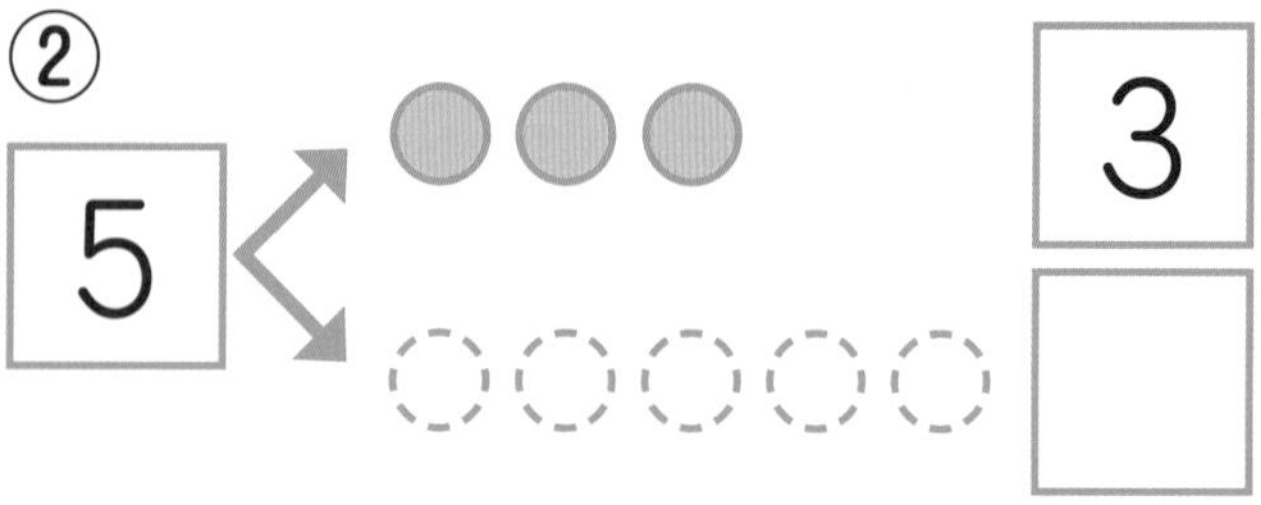

③

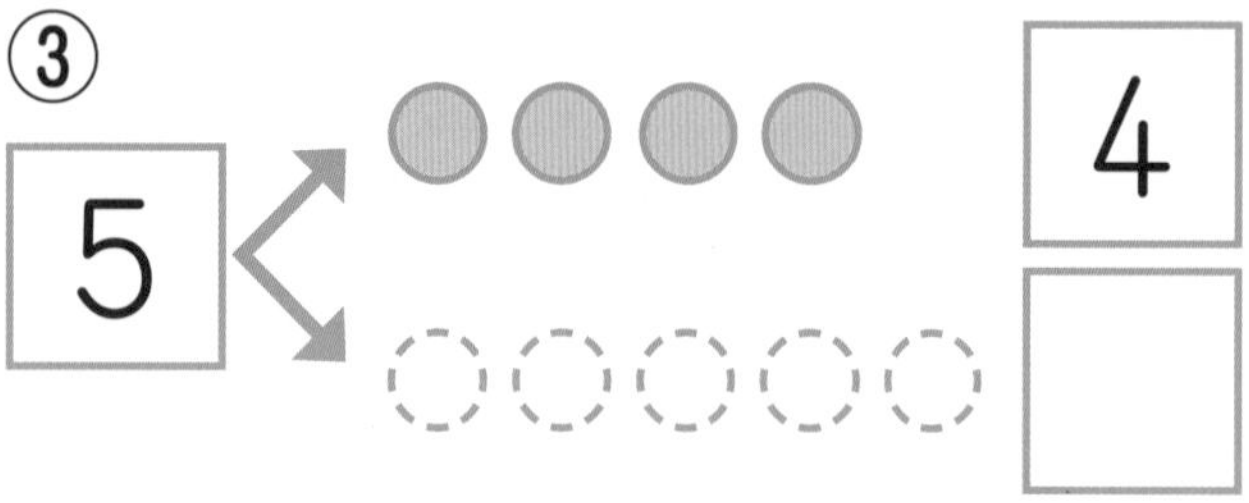

④

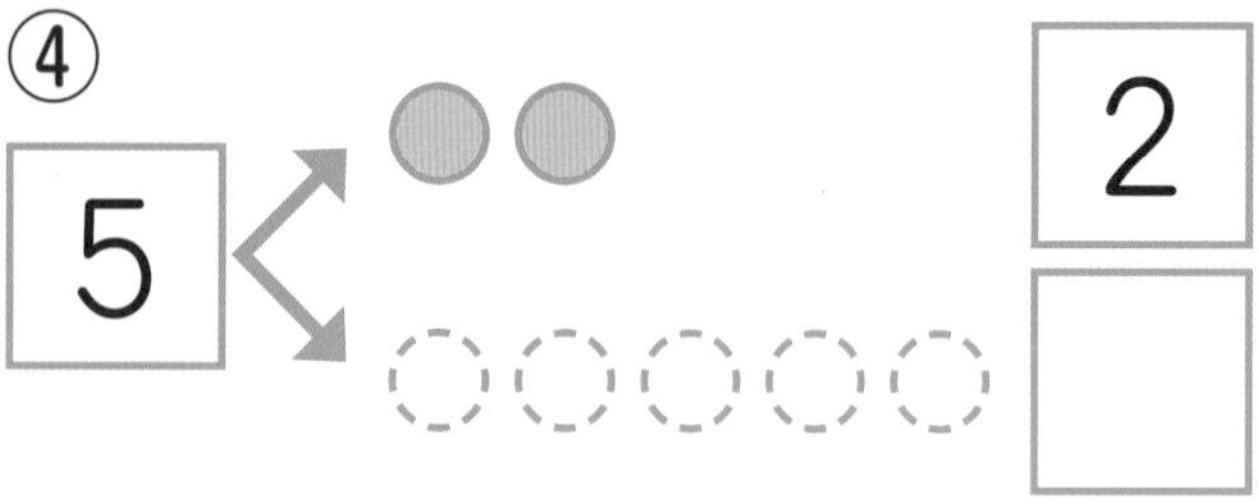

5までの　かずを　2つに
わけると、どう　なるかな？

とくてん

てん

シール《しいる》

3 □に　あてはまる　すうじを　かきましょう。

1つ4てん→24てん

① 2 → 1　□

② □ → 1　3

③ 5 → 2　□

④ □ → 1　2

⑤ 4 → 2　□

⑥ □ → 4　1

4 □に　あう　すうじを　かきましょう。

1つ5てん→40てん

① 5は　1と　□

② 4は　3と　□

③ □は　2と　1

④ 5は　2と　□

⑤ 2は　1と　□

⑥ 4は　2と　□

⑦ □は　1と　3

⑧ □は　3と　2

さんすう
6

月《がつ》　日《にち》

いくつと　いくつ（2）

1 わけた　かずの　ぶん、○に　いろを　ぬって、□に
あてはまる　すうじを　かきましょう。　1つ5てん→20てん

① 8 → ●● 2 / □

② 9 → ●● 2 / □

③ 10 → ●●●●● 5 / □

④ 7 → ●●● 3 / □

2 □に　あてはまる　すうじを　かきましょう。　1つ4てん→24てん

① 10 → 4、□

② □ → 5、3

③ 6 → 4、□

④ □ → 4、5

⑤ 7 → 2、□

⑥ □ → 3、7

とくてん
てん

シール《しいる》

3 □に　あう　すうじを　かきましょう。

1つ4てん→40てん

① 7は　2と　□

② 6は　5と　□

③ □　は　1と　8

④ 8は　5と　□

⑤ 10は　□　と　3

⑥ □　は　3と　6

⑦ 7は　□　と　3

⑧ □　は　2と　4

⑨ □　は　7と　1

⑩ □　は　4と　6

4 2まいの　カード《かあど》の　かずが、あわせて　10に　なるように　カード《かあど》の　すうじを　くみあわせましょう。

1くみ4てん→16てん

3	8	4	7	1	2	6	5

あまった　カード《かあど》は　□　と　□

さんすう 7

月《がつ》　日《にち》

たしざん（1）

1 えと　ぶんを　みて、あわせて　いくつに　なるか、しきと　こたえを　かきましょう。　しき５てん、こたえ５てん→40てん

ねこが　１ぴき　います。

もう　１ぴき　きました。

しき　□ ＋ □ ＝ □

こたえ　□　ひき

にんじんを　２ほん　かったら、おまけを　１ぽん　くれました。

しき　□ ＋ □ ＝ □

こたえ　□　ぼん

かぶとむしが　３びき　います。

２ひき　とんで　きました。

しき　□ ＋ □ ＝ □

こたえ　□　ひき

あひるが　２わ　います。

あとから　２わ　きました。

しき　□ ＋ □ ＝ □

こたえ　□　わ

5までの　たしざんの
れんしゅうだよ。

とくてん

てん

シール《しいる》

2 たしざんを　しましょう。　1つ5てん→30てん

① 2＋1＝□　　② 2＋2＝□

③ 3＋2＝□　　④ 1＋0＝□

⑤ 1＋3＝□　　⑥ 4＋1＝□

3 うえと　したの　しきで、こたえが　おなじに　なる　しきを
せんで　むすびましょう。　1つ5てん→15てん

1＋2	4＋1	2＋2
•	•	•
•	•	•
2＋3	1＋3	2＋1

4 すずめが　3わ　とまって　います。2わ　とんで　くると、
すずめは　ぜんぶで　なんわに　なりますか。

しき10てん、こたえ5てん→15てん

しき □

こたえ □ わ

さんすう 8

月《がつ》　日《にち》

たしざん（2）

1 たしざんを　しましょう。　1つ5てん→40てん

① 5＋2＝□　② 6＋2＝□

③ 4＋5＝□　④ 3＋3＝□

⑤ 3＋7＝□　⑥ 3＋4＝□

⑦ 2＋4＝□　⑧ 7＋1＝□

2 こたえが　10に　なる　ほうの　□に　○を　つけましょう。　1つ5てん→30てん

①
4＋4	
2＋8	

②
6＋4	
7＋2	

③
5＋5	
3＋6	

④
8＋1	
7＋3	

⑤
5＋4	
4＋6	

⑥
9＋1	
2＋7	

10までの　たしざんの
れんしゅうだよ。

とくてん　　　てん

シール《しいる》

3 いちごの　ケーキ《けえき》を　４こ、くりの　ケーキ《けえき》を　３こ
かいました。ケーキ《けえき》は　ぜんぶで　なんこ　ありますか。

しき５てん、こたえ５てん→10てん

しき

こたえ　　　こ

4 あかい　りんごが　５こ、あおい　りんごが　３こ　あります。
りんごは　あわせて　なんこ　ありますか。

しき５てん、こたえ５てん→10てん

しき

こたえ　　　こ

5 こたえが　９に　なる　ところを　ぬりましょう。　10てん

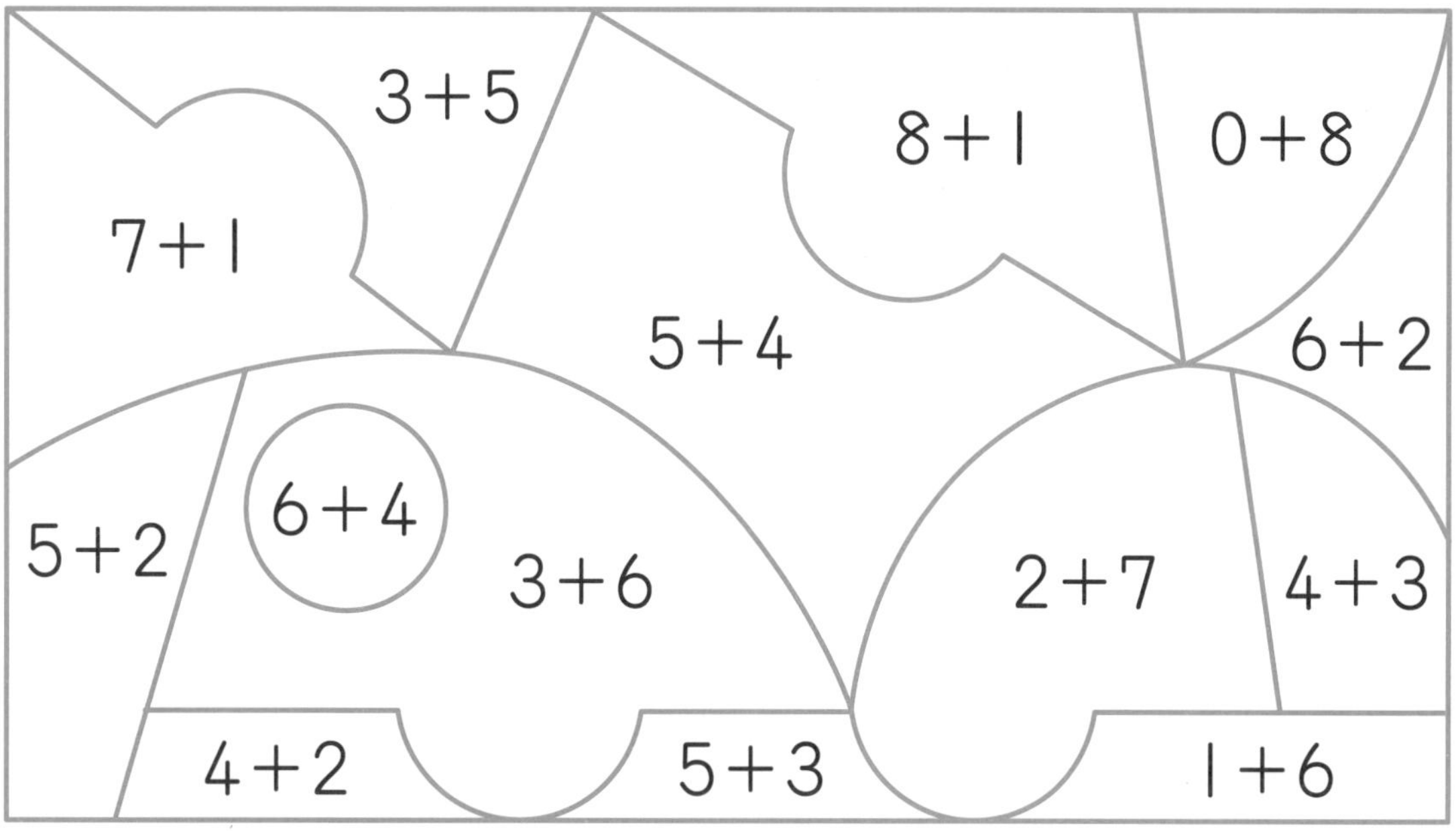

なんの　えが
でて　くるかな。

月《がつ》　日《にち》

ひきざん（1）

1 えと　ぶんを　みて、のこりは　いくつに　なるか、
しきと　こたえを　かきましょう。　しき5てん、こたえ5てん→40てん

ケーキ《けえき》が　3こ
あります。

2こ　たべました。

しき

□ − □ ＝ □

こたえ □ こ

おりがみが　5まい
あります。

2まい
つかいました。

しき

□ − □ ＝ □

こたえ □ まい

コップ《こっぷ》が　4こ　あります。

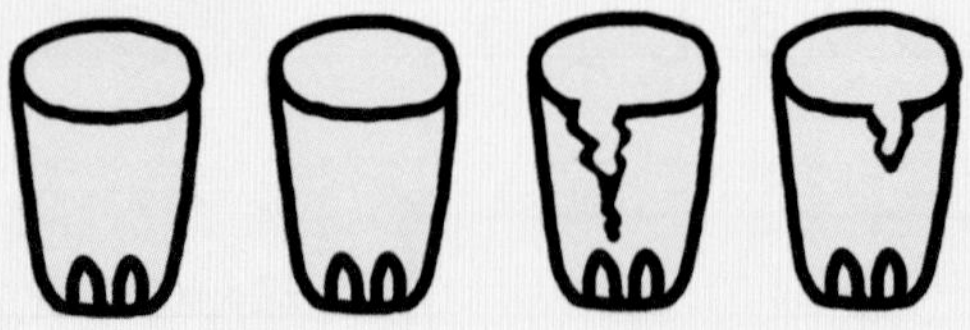

2こ　われて　しまいました。

しき

□ − □ ＝ □

こたえ □ こ

きんぎょが　2ひき　います。

1ぴき　あげました。

しき

□ − □ ＝ □

こたえ □ ぴき

5までの　ひきざんの
れんしゅうだよ。
のこりは　いくつかな。

とくてん

てん

シール《しいる》

2 ひきざんを　しましょう。　1つ5てん→30てん

① $4-2=$ □　② $2-0=$ □

③ $5-1=$ □　④ $4-1=$ □

⑤ $4-3=$ □　⑥ $5-3=$ □

3 うえと　したの　しきで、こたえが　おなじに　なる　しきを
せんで　むすびましょう。　1つ5てん→15てん

4－3	5－2	3－1
・	・	・
・	・	・
4－2	5－4	4－1

4 ちゅうしゃじょうに　くるまが　5だい　とまって　います。
3だい　でて　いくと、くるまは　なんだい　のこって
いますか。　しき10てん、こたえ5てん→15てん

しき □

こたえ □ だい

さんすう 10

月《がつ》　　日《にち》

ひきざん（2）

1 ひきざんを　しましょう。　1つ5てん→40てん

① 9 − 8 = □　　② 6 − 2 = □

③ 10 − 2 = □　　④ 7 − 5 = □

⑤ 9 − 3 = □　　⑥ 8 − 4 = □

⑦ 7 − 2 = □　　⑧ 10 − 4 = □

2 こたえが　3に　なる　ほうの　□に　○を　つけましょう。　1つ5てん→30てん

①

7 − 4	
9 − 2	

②

5 − 1	
10 − 7	

③

6 − 4	
5 − 2	

④

9 − 6	
10 − 5	

⑤

8 − 6	
6 − 3	

⑥

8 − 5	
9 − 4	

10までの　ひきざんの
れんしゅうだよ。
がんばろう。

とくてん　　　　てん

シール《しいる》

3 こどもが　8にん　います。　そのうち　3にんは　おんなの　こです。おとこのこは　なんにんでしょう。

しき5てん、こたえ5てん→10てん

しき

こたえ　　　　にん

4 ペンギン《ぺんぎん》が　7わ　います。そのうち　4わは　おとなの　ペンギン《ぺんぎん》です。こどもの　ペンギン《ぺんぎん》は　なんわですか。

しき5てん、こたえ5てん→10てん

しき

こたえ　　　　わ

5 こたえが　2に　なる　ところを　ぬりましょう。　10てん

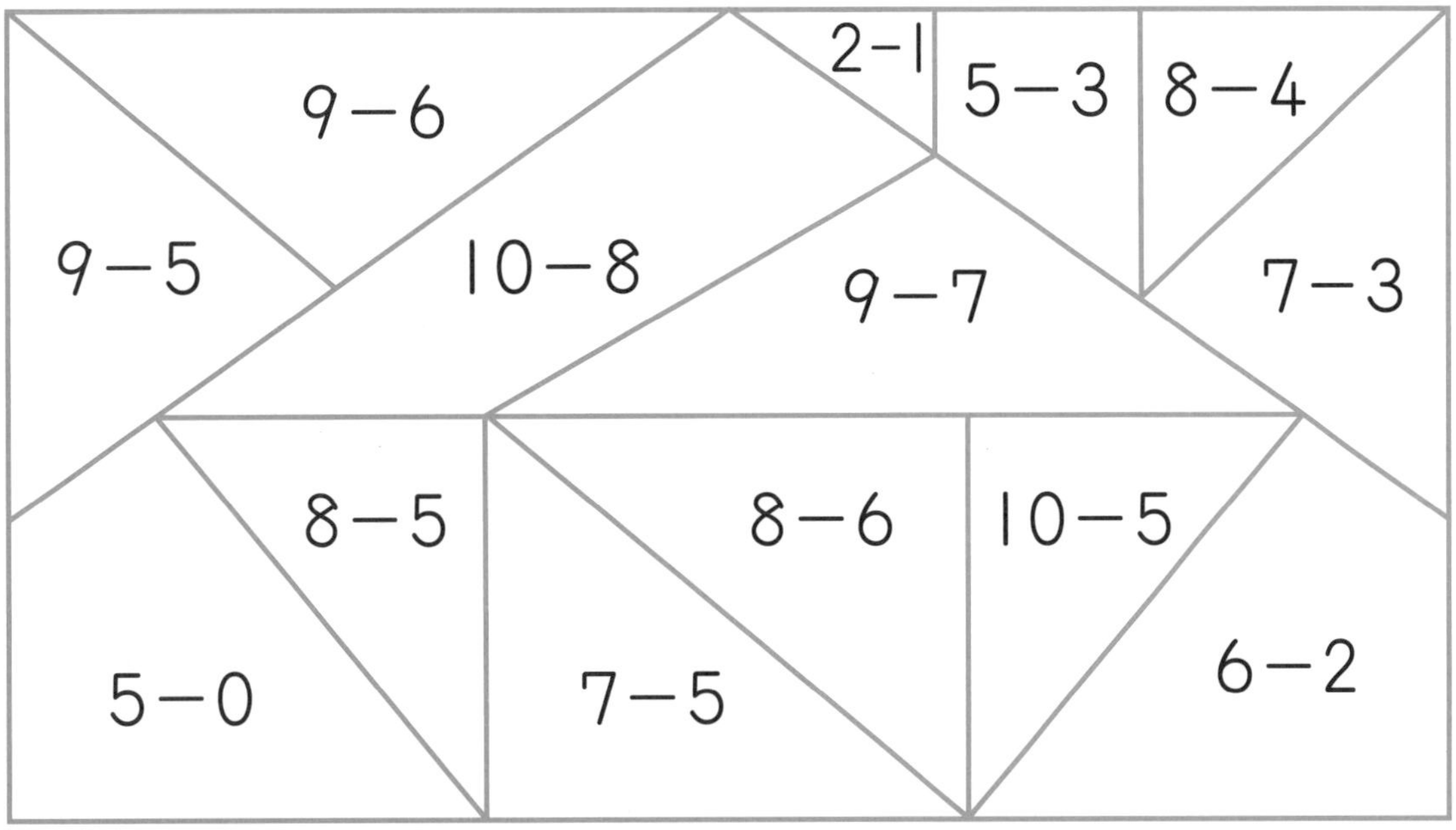

なんの　えが
でて　くるかな。

さんすう 11

月《がつ》　日《にち》

ひきざん（3）

1 きゅうきゅうしゃと　トラック《とらっく》の　かずを　かぞえて、どちらが　なんだい　おおいか　こたえましょう。

1つ6てん→12てん

□が
□だい　おおい。

2 ねこと　さかなの　かずを　かぞえて、どちらが　なんびき　すくないか　こたえましょう。

1つ6てん→12てん

□が
□ぴき　すくない。

3 ひきざんを　しましょう。

1つ5てん→40てん

① 7－4＝□　② 8－3＝□

③ 9－2＝□　④ 5－4＝□

⑤ 8－2＝□　⑥ 10－7＝□

⑦ 7－3＝□　⑧ 9－7＝□

10までの　ひきざんの
れんしゅうだよ。
ちがいは　いくつかな。

とくてん

てん

シール《しいる》

4 つぎの　ぶんを　よんで、ちがいが　いくつに　なるか
こたえましょう。

しき６てん、こたえ６てん→36てん

① トマト《とまと》が　５こ、なすが　３こ　あります。
トマト《とまと》は　なすより　なんこ　おおいですか。

しき

こたえ　　　　こ

② ドーナツ《どうなつ》が　10こ、ケーキ《けえき》が　６こ　あります。
ケーキ《けえき》は　ドーナツ《どうなつ》より　なんこ　すくないですか。

しき

こたえ　　　　こ

③ にわとりが　４わ、ひよこが　９わ　います。
ひよこは　にわとりより　なんわ　おおいですか。

しき

こたえ　　　　わ

さんすう 12

まとめ

月《がつ》　　日《にち》

1 □に　あてはまる　すうじを　かきましょう。　1つ1てん→8てん

① 2 - 3 - □ - 5 - □ - 7 - □ - □ - 10

② 9 - □ - □ - 6 - □ - 4 - 3 - □ - 1

2 ひだりから　5つめの　ものを　○で　かこみましょう。　4てん

(ひだり)  (みぎ)

3 □に　あう　すうじを　かきましょう。　1つ4てん→24てん

① 6は　□　と　1

② 9は　3と　□

③ □　は　4と　3

④ 10は　□　と　6

⑤ 5は　3と　□

⑥ □　は　4と　4

4 たしざんを　しましょう。　1つ3てん→18てん

① 3＋3＝□

② 6＋2＝□

③ 4＋0＝□

④ 5＋2＝□

⑤ 7＋3＝□

⑥ 4＋1＝□

いままでに　ならった
もんだいの　おさらいだよ。
がんばろう！

とくてん

てん

シール《しいる》

5 ひきざんを　しましょう。　1つ3てん→18てん

① 9 − 6 = □　　② 6 − 2 = □

③ 8 − 3 = □　　④ 5 − 4 = □

⑤ 7 − 5 = □　　⑥ 6 − 0 = □

6 ねこが　7ひき　います。3びき　くると、ねこは
ぜんぶで　なんびきに　なりますか。　しき6てん、こたえ6てん→12てん

しき □　　こたえ □ ぴき

7 おりがみが　10まい　あります。6まい　つかうと、
おりがみは　なんまい　のこって　いますか。
しき6てん、こたえ6てん→12てん

しき □　　こたえ □ まい

8 2じはんの　とけいを　さがして　□に
○を　かきましょう。　4てん

 □

 □

 □

あつい　なつの　ひ。ありは　まいにち
あせを　ながしながら、たべものを　すに
はこんで　いました。ありの　そばで、きり
ぎりすは　のんきに　うたって　いました。
さむい　ふゆに　なると、きりぎりすが
やって　きて、ありに　いいました。
「たべものを　すこし、わけて　ください。」
すると、ありは、
「なつの　あいだ、
なにを　して　いたの？」
と、ききました。きりぎりすが
「うたを　うたって　いたんだよ。」
と　いうと、ありは
「では、ふゆは　おどれば　いいよ。」
そう　いうと、バタン《ばたん》と
ドア《どあ》を　しめて　しまいました。

2 うえの　ぶんしょうを　よんで、もんだいに　こたえましょう。

① なつに　まいにち、たべものを　すに　はこんで　いたのは、だれですか。　15てん

［　　］

② その　とき、きりぎりすは　なにを　して　いましたか。　15てん

のんきに　［　　　　］　いました。

③ たべものを　わけて　ほしいと　いった　きりぎりすに、ありは　どう　しましたか。　14てん
（　）に　○を　つけましょう。

ア（　）かわいそうだから　たべものを　わけて　あげました。

イ（　）バタン《ばたん》と　ドア《どあ》を　しめて　しまいました。

こくご 11

ぶんの よみとり (2)

月《がつ》　日《にち》

よみとりの もんだいに ちょうせんしよう。

とくてん　　てん

シール《しいる》

　ねこに てを なめられると、ざらざらして います。これは、ねこの したには、おろしがねのように、ちいさな とげとげが いっぱい ついて いるからです。どうして とげとげが ついて いるのでしょうか。

　それは、ねこが もともと にくを たべる どうぶつだからです。ざらざらの したで、ほねに ついて いる にくを こすり おとして、きれいに たべる ことが できます。

1 うえの ぶんしょうを よんで、もんだいに こたえましょう。

① したが ざらざらして いる どうぶつは、なんですか。（15てん）

□□

② したが ざらざらして いるのは、なにが ついて いるからですか。（15てん）

ちいさな □□□□。

③ どうして、とげとげが ついて いるのですか。（1つ13てん→26てん）

ねこは □□ を □□□ どうぶつだから。

⑥ ロボット《ろぼっと》 □《ろく》だい。

⑦ しちめんちょう □《しち(なな)》わ。

⑧ はちが □《はち》ひき。

⑨ きゅうきゅうしゃ □《きゅう》だい。

⑩ とうふが □《じっ(じゅっ)》ちょう。

こえに だして よんで みよう。

3 □に かずを あらわす かんじを かきましょう。 1つ4てん↓40てん

① □《し》がつから □《いち》ねんせい。

② □《いっ》こ □《じゅう》えんの おかしを □《ここの》つ かう。

③ □《しち》がつで □《じっ(じゅっ)》さいに なる。

④ みかんを □《むっ》つ もらう。

⑤ □《く》じに ねる。

⑥ たこの あしは □《はっ》ぽん。

かずの かんじ

月《がつ》 日《にち》

かんじには、いろいろな よみかたが あるので ちゅういしよう。

とくてん

てん

しいる
シール

1 □に かずを あらわす かんじを かきましょう。 1つ3てん→30てん

① □《ひと》つ ☆

② □《ふた》つ ☆☆

③ □《みっ》つ ☆☆☆

④ □《よっ》つ ☆☆☆☆

⑤ □《いつ》つ ☆☆☆☆☆

⑥ □《むっ》つ ☆☆☆☆☆☆

⑦ □《なな》つ ☆☆☆☆☆☆☆

⑧ □《やっ》つ ☆☆☆☆☆☆☆☆

⑨ □《ここの》つ ☆☆☆☆☆☆☆☆☆

⑩ □《とお》 ☆☆☆☆☆☆☆☆☆☆

2 □に かずを あらわす かんじを かきましょう。 1つ3てん→30てん

① いちごの はな □《いち》りん。

② にんじん □《に》ほん。

③ さんまが □《さん》びき。

④ ヨット《よっと》が □《よん》そう。

⑤ ごまふあざらし □《ご》とう。

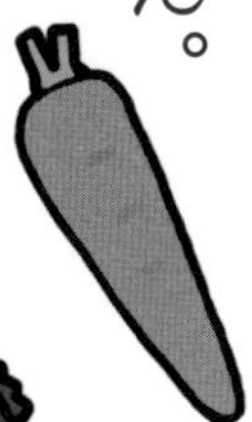

2 つぎの ぶんを よんで、もんだいに こたえましょう。

1つ10てん→70てん

だんごむしは、きけんを かんじたり、つよい ひかりが あたったりすると、からだを まるめます。

① だんごむしは どんな ときに からだを まるめますか。

（　　　）を かんじたり、つよい（　　　）が あたったりする とき。

サボテン《さぼてん》の とげは、はっぱが かたちを かえた ものです。

② サボテン《さぼてん》の とげは、なにが かたちを かえた ものですか。

（　　　）が かたちを かえた もの。

ちを すうのは めすの カ《か》です。たまごを うむために えいようが ひつようなのです。

③ ちを すうのは おすと めす どちらの カ《か》ですか。

（　　）の カ《か》。

④ なぜ えいようが ひつようなのですか。

（　　　）を（　　）ため。

のうさぎは、てきに みつからないように、はるは ちゃいろ、ふゆは しろい けに かわります。

⑤ のうさぎは、ふゆは なにいろの けに かわりますか。

（　　　）けに かわります。

こくご 9

ぶんの よみとり（1）

月《がつ》　日《にち》

とくてん

てん

シール《しいる》

1 つぎの ぶんを よんで、もんだいに こたえましょう。 1つ5てん→30てん

> おまつりで あまい
> わたがしを たべました。

① 「どんな」 わたがしを たべましたか。

（　　　　）

> はやしの なかで、おおきな
> かぶとむしを みつけました。

② 「どんな」 かぶとむしを みつけましたか。

（　　　　）

> ともだちと こうえんへ いきました。
> はじめに、おにごっこを しました。
> そのあと、すべりだいで あそびました。

③ 「どこ」へ いきましたか。

（　　　　）

④ 「だれ」と いきましたか。

（　　　　）

⑤ はじめに 「なに」を しましたか。

（　　　　）

⑥ そのあと 「なに」で あそびましたか。

（　　　　）

2 えに　あう　ことばを　かんがえて、かきましょう。

1つ5てん→20てん

①

（なにで）□　で　おちばを　はく。

②

（なにが）□　が　きに　のぼる。

③

（どこで）□　で　（なにを）□　を　つかまえる。

3 えに　あうように　□　に　ことばを　いれましょう。

1つ5てん→30てん

①

（なにが）□　が　（どこで）□　で　およぐ。

②

（だれが）□　が　（なにを）□　を　たべる。

③

（だれは）□　は　（なにを）□　を　だいた。

ぶんを つくる(2)

月《がつ》　日《にち》

ふたつの ぶんを くっつけて、ひとつに しよう。

とくてん

てん

シール《しいる》

1 つぎの ふたつの ぶんを、ひとつに まとめた ぶんに しましょう。

1つ5てん→50てん

① ぼくは いく。
おまつりに いく。

→ (だれは)□□ は おまつりに (どうする)□□ 。

② ねこが おいかける。
ねずみを おいかける。

→ (なにが)□□ が (なにを)□□□ を (どうする)□□□□□ 。

③ りすが たべる。
どんぐりを たべる。

→ りすが (なにを)□□□□ を たべる。

④ ぼくは おきた。
七《しち》じに おきた。

→ ぼくは (いつ)□□ に (どうした)□□□ 。

⑤ そらに かかる。
にじが かかる。

→ (どこに)□□ に (なにが)□□ が かかる。

3 ことばの つかいかたが ただしい ほうを ○で かこみましょう。

1つ4てん→20てん

① シャツ《しゃつ》を ［はく。／きる。］

② ズボン《ずぼん》を ［はく。／きる。］

③ タオル《たおる》を ［きる。／まく。］

④ ぼうしを ［かぶる。／はく。］

⑤ めがねを ［かぶる。／かける。］

4 えを みて ぶんを つくりましょう。

1つ6てん→36てん

① （なには）［　　　］は （どんなだ）［　　　］。

② （なにが）［　　　］が （どうする）［　　　］。

③ （なにを）［　　　］を （どうする）［　　　］。

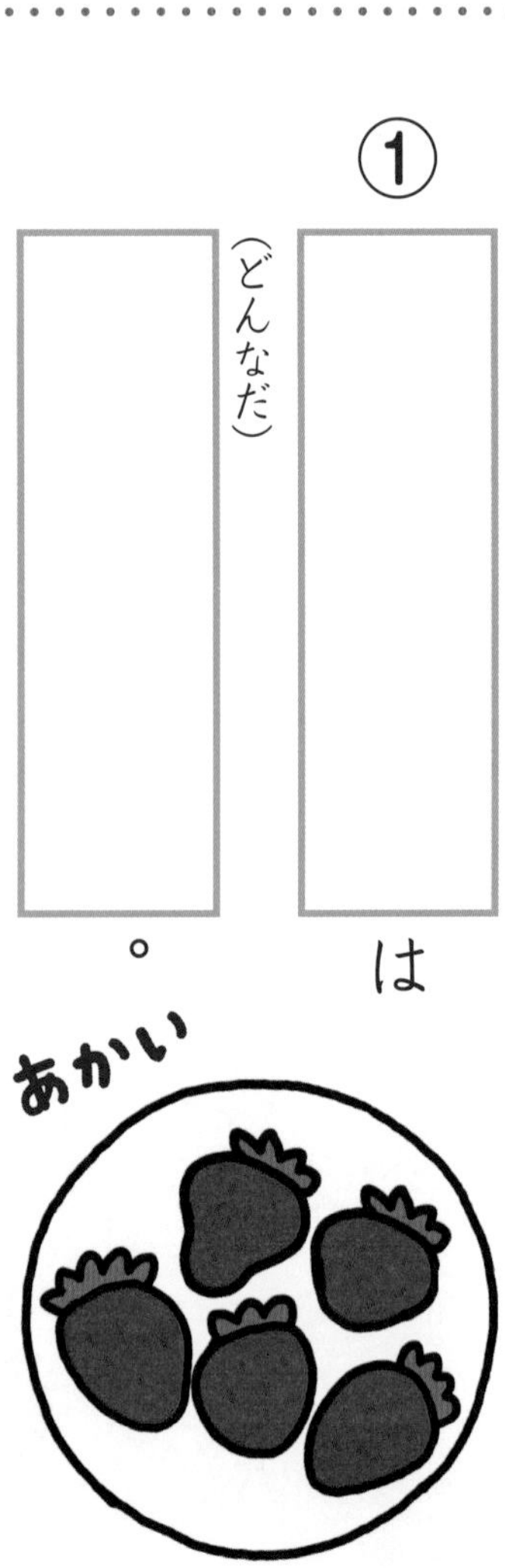

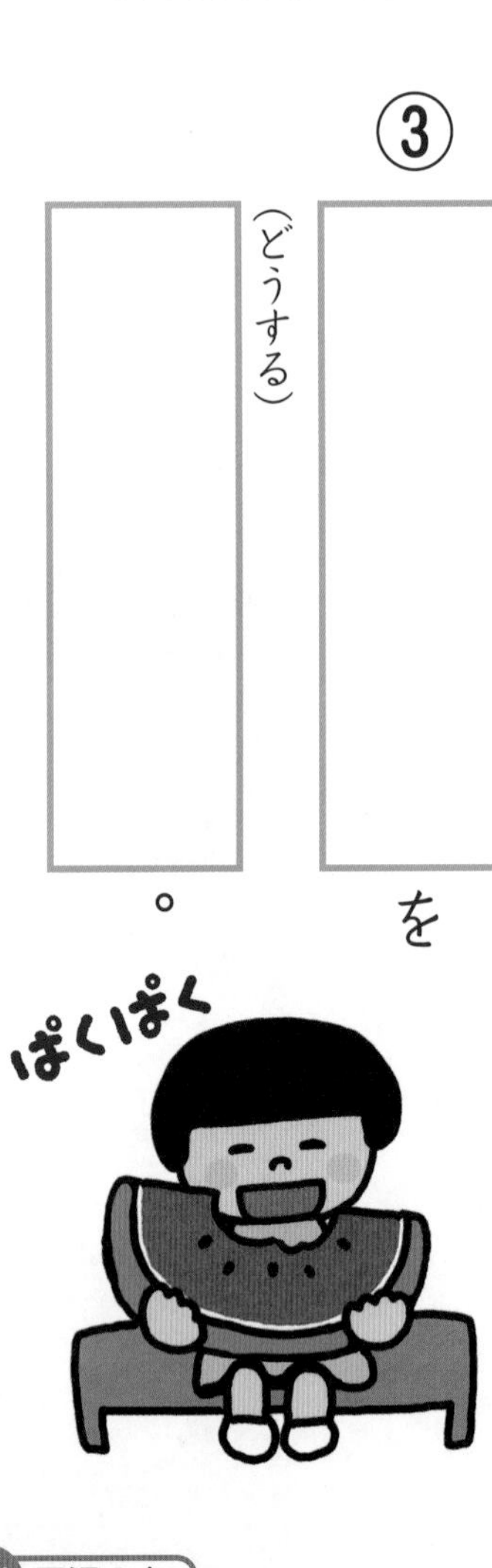

ぶんを つくる（1）

月《がつ》　日《にち》

「なにが（は）」「なにを」「どうする（どんなだ）」で、ぶんを　つくろう。

とくてん

てん

シール《しいる》

1 ただしい　ぶんに　なるように　せんで　むすびましょう。　1つ4てん→24てん

①

ほんを	むしだ。
あめが	ふる。
バ《ば》ッ《っ》タ《た》は	よむ。

②

さんまは	われる。
コ《こ》ッ《っ》プ《ぷ》が	みがく。
はを	さかなだ。

2 □に　あう　ことばを　[　]　から　えらんで、ぶんを　つくりましょう。　1つ5てん→20てん

① ぞうは　□（どんなだ）。

② なまえを　□（どうする）。

③ はなが　□（どうする）。

④ とりが　□（どうする）。

[かく　なく　さく　おおきい]

3 えに　あう　ことばを　かきましょう。

1つ5てん→35てん

① 
が□□う

② 
□□う

③ 
き□□□

④ 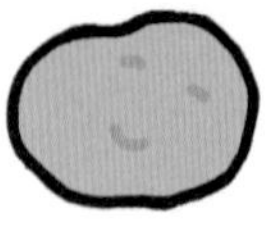
□□いも

⑤ 
□うり

⑥ 

□□えん

⑦ 
はく□□□

4 えに　あう　ことばを　かきましょう。

1つ5てん→35てん

① 
ふ□□□

② 
ひ□□□

③ 
ろ□□□

④ 
ぶ□□

⑤ 
お□□□

⑥ 
お□□□

⑦ 
せ□□□

こくご 6

ひらがな（3）

月《がつ》　日《にち》

ちいさく　かく　じは、
かく　ばしょに　きを
つけよう。

とくてん

てん

シール《しいる》

1 ちいさく　かく　じに　きを　つけて、
えに　あう　ことばを　かきましょう。

1つ3てん→15てん

① 
せ□けん

② 
き□て

③ 
は□ぱ

④ 
が□こう

⑤ 
ら□ぱ

2 ちいさく　かく　じに　きを　つけて、
えに　あう　ことばを　かきましょう。

1つ3てん→15てん

① 
じ□□ぎ

② 
じどう□□

③ 
□□うゆ

④ 
こうち□

⑤ 
□□う□□

3 □に あう じを 〈 〉から えらんで かきましょう。

1つ2てん↓26てん

① に□〈は・わ〉□〈は・わ〉、はなで いっぱいだ。

② □〈お・を〉りがみ□〈お・を〉□〈お・を〉る。

③ い□〈え・へ〉□〈え・へ〉か□〈え・へ〉る。

④ □〈は・わ〉たし□〈は・わ〉わらう。

⑤ ぼく□〈は・わ〉か□〈お・を〉□〈お・を〉あらう。

4 まちがえて いる じに ×を つけて、ただしい じを みぎに かきましょう。

1つ5てん↓50てん

① おとうとお むかへに こうえんえ いく。

② はるわ あたたかい。

③ えいがかんえ いく。

④ わたしわ いええ いそいだ。

⑤ ははわ いもおとを をんぶ した。

こくご 5

「は」「を」「へ」の つかいかた

月《がつ》　日《にち》

とくてん

てん

シール《しいる》

1 ただしい ぶんに なるように せんで むすびましょう。

1つ2てん→12てん

①

いえへ　・　・たべる。

いちごを　・　・あおい。

うみは　・　・かえる。

②

いえを　・　・でかける。

いちごは　・　・たてる。

うみへ　・　・あかい。

2 □に「は」「を」「へ」の どれかを かいて、ぶんを つくりましょう。

1つ2てん→12てん

① きょう□、えんそくです。

おべんとう□ もって、

どうぶつえん□ いきました。

② ぼく□、さかな□ つりに

かわ□ いきました。

3

□に「が」「に」「を」の どれかを かいて、えに あう ぶんを つくりましょう。

（1つ2てん→12てん）

①

にわとり□ たまご□ うむ。

②

ケーキ《けえき》□ ろうそく□ たてる。

③

いもうと□ はなび□ する。

4

□に「が」「に」「を」の どれかを かいて、ぶんを つくりましょう。

（1つ4てん→56てん）

① ちょう□ はな□ とまる。

② パン《ぱん》□ ジャム《じゃむ》□ ぬる。

③ とり□ そら□ とぶ。

④ せつぶん□ まめ□ まく。

⑤ つき□ そら□ のぼる。

⑥ パンダ《ぱんだ》□ ささ□ たべる。

⑦ はな□ みず□ やる。

4 こくご くっつき ことば

月《がつ》　日《にち》

とくてん
てん

シール《しいる》

1 □に あう じを 〈 〉から えらんで かきましょう。

1つ2てん→20てん

① あみ□〈と・で〉、むし□〈が・を〉 つかまえる。

② さくら□〈や・の〉 はな□〈に・が〉 さく。

③ ともだち□〈の・へ〉 かた□〈を・に〉 たたく。

④ いぬ□〈の・と〉 にわ□〈へ・で〉 あそぶ。

⑤ うみ□〈や・で〉 やま□〈を・に〉 いく。

2 □に「が」「に」「を」の どれかを かいて、ぶんを つくりましょう。

1つ2てん→12てん

① おすし□ たべる。

② ひこうき□ のる。

③ うんどうかい□ はじまる。

④ えんそく□ いく。

⑤ えほん□ よむ。

⑥ にわとり□ なく。

3 ばめんに　あった　あいさつを　［　　］から　えらんで、かきましょう。

1つ8てん↓64てん

①あさ、おきたら。

②プレゼント《ぷれぜんと》を　もらったら。

③ごはんを　たべおわったら。

④ものを　こわしたら。

⑤おうちの　ひとが　でかける　ときに。

⑥ごはんを　たべる　まえに。

⑦よる、ねる　まえに。

⑧おうちの　ひとが　いえに　かえって　きたら。

ごめんなさい。　いただきます。　ありがとう。
おはよう。　おかえりなさい。　ごちそうさま。
いってらっしゃい。　おやすみなさい。

③ こくご あいさつ

月《がつ》　日《にち》

1 えに　あう　あいさつを　えらんで、せんで　むすびましょう。

1つ6てん↓18てん

①

②

③

こんばんは。

さようなら。

こんにちは。

2 ただしい　あいさつの　こたえかたを　かきましょう。

1つ9てん↓18てん

①

いってらっしゃい。

□□□きます。

②

おかえりなさい。

た□□□。

ばめんに　あわせて　あいさつが　できて　いるかな？

とくてん

てん

シール《しいる》

4 「。」や 「゛」を つけて、ただしい ことばに しましょう。

1つ4てん↓16てん

①ほっへた　②きんひらこほう

③せんふうき　④かっは

5 したに ある ひらがなを □に いれて、ことばを つくりましょう。

1つ4てん↓16てん

① はん□ん

② さん□

③ はらっ□

④ かん□ょう

ぱ　ぺ　ぴ　ぽ

---

6 えに あう ことばを かきましょう。

1つ4てん↓20てん

①

こん□い
□とう

②

えん□つ

③

たん□□

④

おん□

⑤

てん□ら

こくご

2 ひらがな(2)

月《がつ》　日《にち》

とくてん　てん

シール《しいる》

1 「゛」を つけて、ただしい ことばに しましょう。（1つ4てん→16てん）

① なかれほし
② なかくつ
③ たんこむし
④ とんくり

2 ただしい ことばに ○を つけましょう。（1つ4てん→16てん）

① はなぢ　はなじ
② かんづめ　かんずめ
③ ちず　ちづ
④ かなずち　かなづち

3 「゛」を つけて、べつの ことばを つくりましょう。（1つ4てん→16てん）

①  かき → 

②  さる → 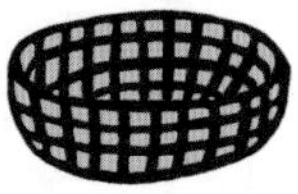

③ 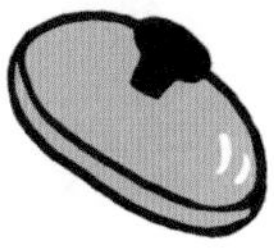 ふた → 

④  こま → 

ん	わ	ら	や	ま	は
	(い)	り	(い)	み	ひ
	(う)	る	ゆ	む	ふ
	(え)	れ	(え)	め	へ
	を	ろ	よ	も	ほ

ゆっくり
ていねいに
かこうね。

⑤

□す

□す

⑥

た□

た□

⑦

□し

□し

⑧

し□

し□

⑨

□し

□し

⑩

か□

か□

ひらがな(1)

月《がつ》　日《にち》

1 かきじゅんに　きを　つけて、ひらがなを　かきましょう。

ぜんぶ　かけて　40てん

な	た	さ	か	あ
に	ち	し	き	い
ぬ	つ	す	く	う
ね	て	せ	け	え
の	と	そ	こ	お

2 にた　もじに　きを　つけて、えに　あう　ことばを　かきましょう。

1つ3てん→60てん

①

[ま]る

□る

②

く□

く□

③

□め

□め

④

か□

か□

にた　もじに　きを　つけて　かこう!

とくてん

てん

シール《しいる》

夏休《なつやす》みドリル《どりる》 こくご

小学《しょうがく》1年《ねん》

もくじ

ドリル《どりる》を やり
おわったら、とくてんを
かいて、シール《しいる》を
はりましょう。

夏休《なつやす》みドリル

さんすう 解答《かいとう》とアドバイス

小学《しょうがく》1年《ねん》

別冊《べっさつ》
★取《と》り外《はず》して使《つか》えます。

おうちのかたへ ドリルが終《お》わったら答《こた》え合《あ》わせをして、点数《てんすう》をつけましょう。もし、わからなかった問題《もんだい》やまちがえた問題《もんだい》があったら、「学習《がくしゅう》のアドバイス」を読《よ》んで、お子《こ》さんに説明《せつめい》しながら、もう一度《いちど》やりましょう。そうして勉強《べんきょう》していけば、必《かなら》ず力《ちから》がつきます。

さんすう 1 月 日

5までの　かず

まずは、1から
5までの　すうじに
なれよう。

とくてん　てん

シール

1▶ □に　すうじを　かきましょう。　1つ5てん→25てん

いち 1　に 2　さん 3　し（よん） 4　ご 5

2▶ かずを　かぞえて　□に　すうじを　かきましょう。　1つ5てん→25てん

① 3　② 1

かずを　しっかり
かぞえよう！

③ 4　④ 5　⑤ 2

3▶ かずを　かぞえて　□に　すうじを　かきましょう。　1つ6てん→30てん

りす 3 びき
とり 2 わ
き 1 ぽん
どんぐり 5 こ
はな 4 りん

4▶ □に　あてはまる　すうじを　かきましょう。　1つ5てん→20てん

1 2 3 4 5

5 4 3 2 1

2 算数1年　　算数1年 3

学習《がくしゅう》のアドバイス

1 5までの　かず

1～5までの数唱《すうしょう》（数《かず》を数《かぞ》える）と、ものと数《かず》を正《ただ》しく対応《たいおう》させて数《かぞ》えられること、それを数字《すうじ》で正《ただ》しく書《か》き表《あらわ》せることが、この学習《がくしゅう》のねらいです。2▶ 3▶ は、数《かぞ》え終《お》わった絵《え》に印《しるし》をつけると、数《かぞ》えまちがいを防《ふせ》げます。数《かぞ》えたあとは、答《こた》えを確《たし》かめる習慣《しゅうかん》を身《み》につけましょう。4▶ は、小《しょう》➡大《だい》、大《だい》➡小《しょう》の数《かず》の並《なら》び方《かた》に気《き》をつけましょう。

さんすう 2

月《がつ》　日《にち》

10までの　かず

とくてん　　てん

シール

1▷□に　すうじを　かきましょう。　1つ5てん→25てん

ろく	しち(なな)	はち	く(きゅう)	じゅう
6	7	8	9	10

2▷かずを　かぞえて　□に　すうじを　かきましょう。　1つ5てん→25てん

①

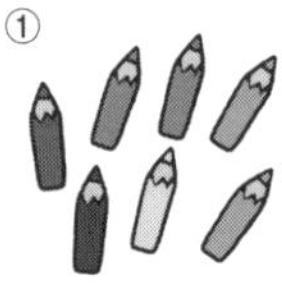

7

②

6

③

10

④

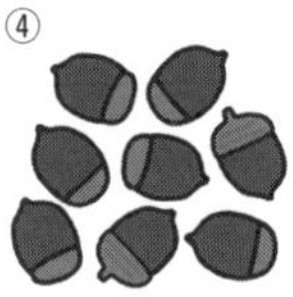

8

⑤

9

3▷□に　あてはまる　すうじを　かきましょう。　1つ5てん→20てん

4▷ひだりと　みぎで　おなじ　かずの　ものを
せんで　むすびましょう。　1つ6てん→30てん

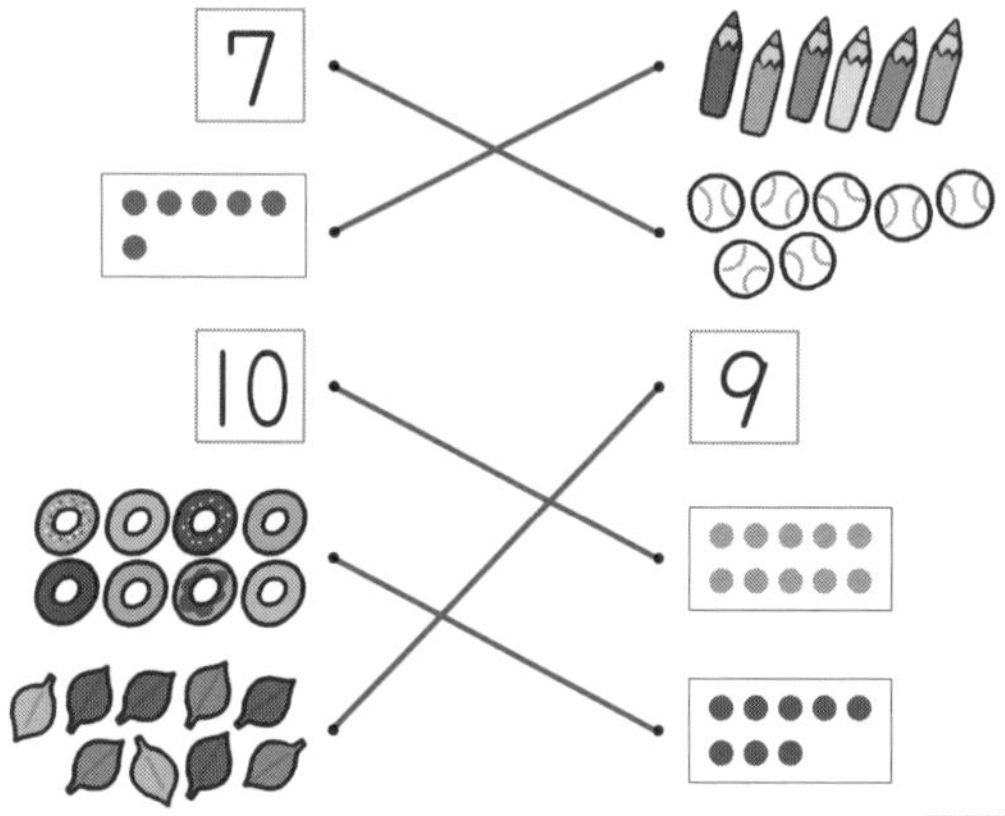

さんすう 3

月《がつ》　日《にち》

なんばんめ

とくてん　　てん

シール

1▷○で　かこみましょう。　1つ8てん→24てん

①まえから　4ばんめの　カメレオン《かめれおん》

(まえ)

(うしろ)

②うしろから　5ばんめの　とり

(まえ)

(うしろ)

③うしろから　3だいめの　くるま

(まえ)

(うしろ)

2▷したの　えを　みて　こたえましょう。　1つ8てん→32てん

(ひだり)

(みぎ)

いぬ　ねこ　きつね　にわとり　ひつじ　ぶた　りす

① ねこは　ひだりから　2　ばんめです。

② ひつじは　みぎから　3　ばんめです。

③ きつね　は　ひだりから　3ばんめです。

④ みぎから　4ばんめは　にわとり　です。

3▷みぎの　えを　みて　こたえましょう。　1つ4てん→12てん

① くまは　うえから　3　ばんめです。

② パンダ《ぱんだ》は　うえから　2　ばんめです。

③ うさぎは　したから　4　ばんめです。

(うえ)

うさぎ

パンダ《ぱんだ》

くま

ねずみ

(した)

4▷えを　みて、もんだいに　こたえましょう。　1つ8てん→32てん

(うえ)

(ひだり)

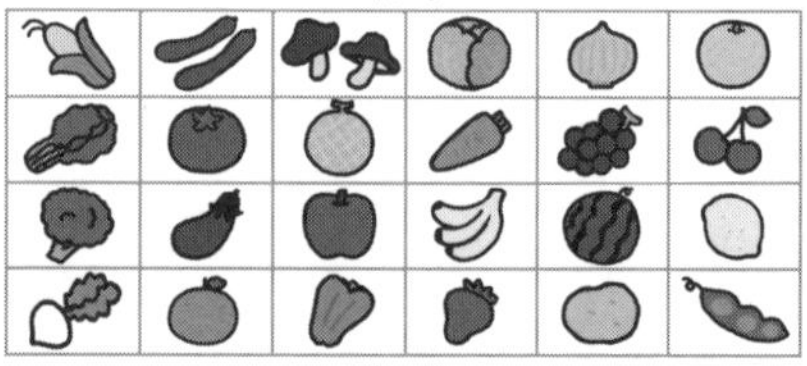

(みぎ)

(した)

①  は、うえから　2　ばんめ、

みぎから　3　ばんめに　あります。

②  は、したから　2　ばんめ、

ひだりから　2　ばんめに　あります。

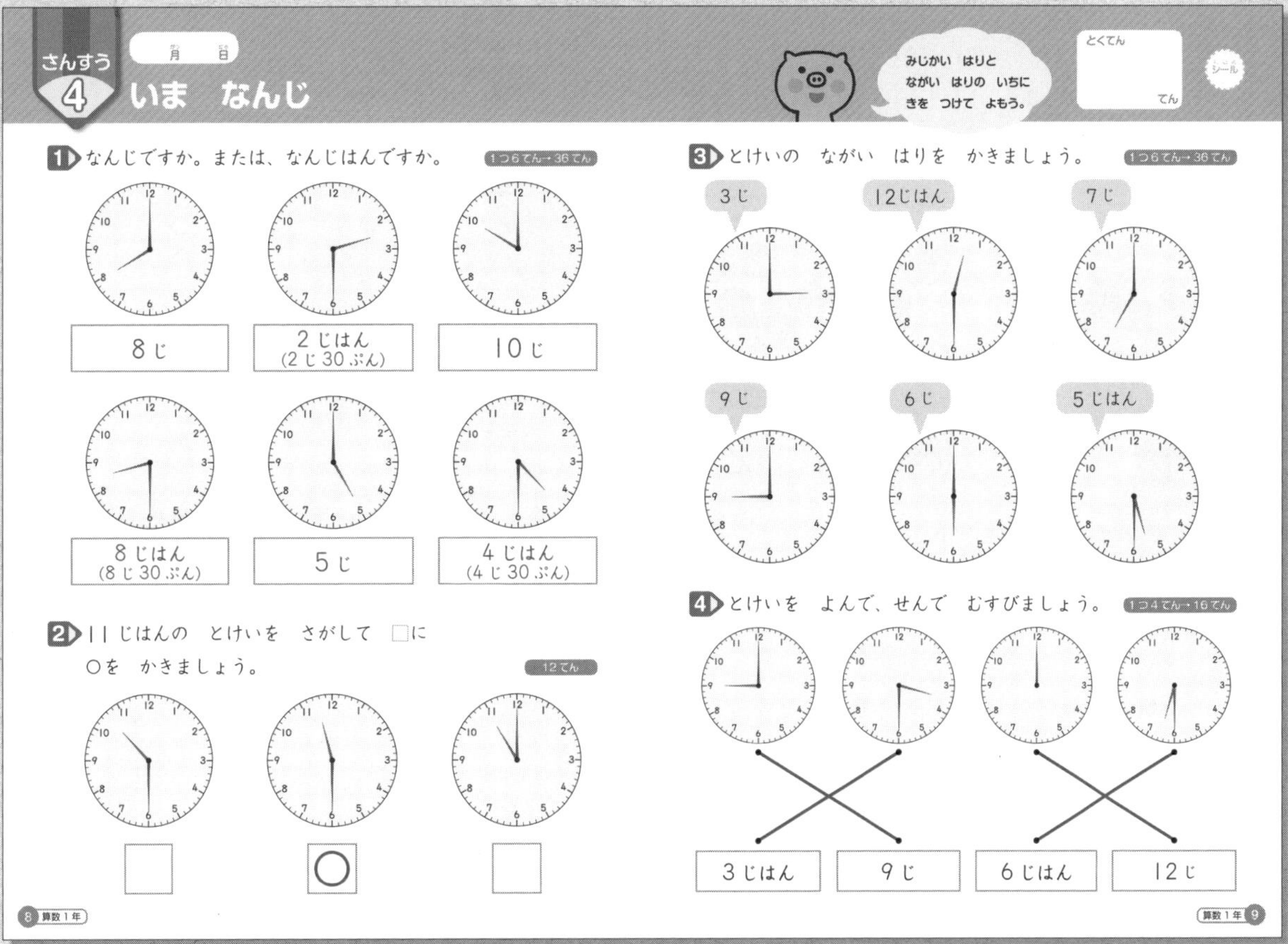
さんすう 4 いま　なんじ

月　日

みじかい　はりと
ながい　はりの　いちに
きを　つけて　よもう。

とくてん　てん

シール

1 なんじですか。または、なんじはんですか。　1つ6てん→36てん

8じ

2じはん
(2じ30ぷん)

10じ

8じはん
(8じ30ぷん)

5じ

4じはん
(4じ30ぷん)

2 11じはんの　とけいを　さがして　□に
○を　かきましょう。　12てん

○

3 とけいの　ながい　はりを　かきましょう。　1つ6てん→36てん

3じ

12じはん

7じ

9じ

6じ

5じはん

4 とけいを　よんで、せんで　むすびましょう。　1つ4てん→16てん

3じはん

9じ

6じはん

12じ

8 算数1年

算数1年 9

学習《がくしゅう》のアドバイス

2 10までの　かず

数《かず》が大《おお》きくなっても、ものの数《かず》と数唱《すうしょう》（数《かず》を数《かぞ》える）が一致《いっち》していること、それを数字《すうじ》で正《ただ》しく表《あらわ》せることは大事《だいじ》な勉強《べんきょう》です。2 4 は、数《かぞ》え終《お》わった絵《え》に印《しるし》をつけると、数《かぞ》えまちがいを防《ふせ》げます。数《かず》が大《おお》きいので、もう一度《いちど》、確《たし》かめをしましょう。

学習《がくしゅう》のアドバイス

3 なんばんめ

何番目《なんばんめ》の問題《もんだい》は、前後《ぜんご》、左右《さゆう》、上下《じょうげ》などの言葉《ことば》の意味《いみ》が難《むずか》しいために、まちがえてしまうことがあります。でも、日常生活《にちじょうせいかつ》のなかで、そのような場《ば》を体験《たいけん》すれば、正確《せいかく》に理解《りかい》できるようになります。もし、まちがえてしまった場合《ばあい》は、「前《まえ》から、後《うし》ろから」などの言葉《ことば》の意味《いみ》をよく考《かんが》えて、もう一度《いちど》問題《もんだい》を解《と》きましょう。

学習《がくしゅう》のアドバイス

4 いま　なんじ

時間《じかん》の勉強《べんきょう》は、1年生《ねんせい》には難《むずか》しい内容《ないよう》ですが、生活《せいかつ》に欠《か》かせない身近《みぢか》なものです。まずは「何時《なんじ》」「何《なん》時半《じはん》（30分《ぷん》）」などが理解《りかい》できることが大切《たいせつ》です。日常生活《にちじょうせいかつ》のなかにある「起《お》きる時間《じかん》」「朝食《ちょうしょく》の時間《じかん》」「学校《がっこう》へ行《い》く時間《じかん》」「寝《ね》る時間《じかん》」などの場面《ばめん》を活《い》かして、時計《とけい》を見《み》る習慣《しゅうかん》をつけましょう。

さんすう 5 いくつと いくつ (1)

月 日

とくてん てん

シール

1▷ 5この いちごを 2つの おさらに わけます。
みぎの おさらには いちごが いくつ のるでしょうか。
□に その すうじを かきましょう。 1つ4てん→8てん

①
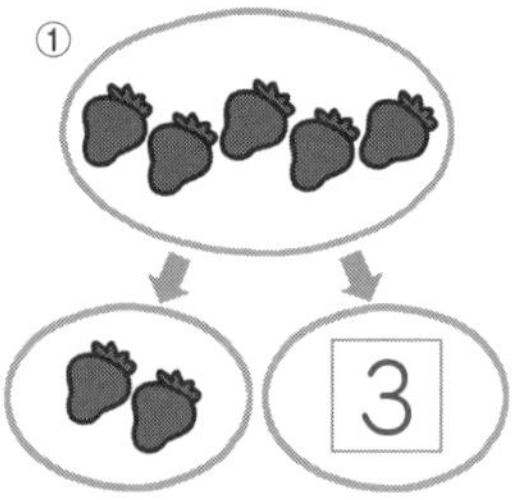

②
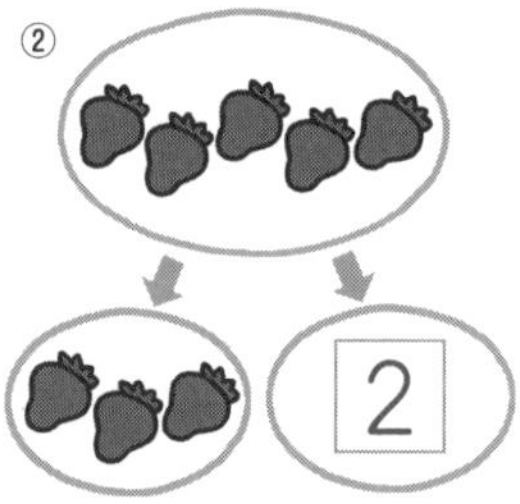

2▷ わけた かずの ぶん、○に いろを ぬって、□に
あてはまる すうじを かきましょう。 1つ7てん→28てん

① 5 → 1 と 4

② 5 → 3 と 2

③ 5 → 4 と 1

④ 5 → 2 と 3

3▷ □に あてはまる すうじを かきましょう。 1つ4てん→24てん

① 2 → 1 と 1

② 4 → 1 と 3

③ 5 → 2 と 3

④ 3 → 1 と 2

⑤ 4 → 2 と 2

⑥ 5 → 4 と 1

4▷ □に あう すうじを かきましょう。 1つ5てん→40てん

① 5は 1と 4

② 4は 3と 1

③ 3 は 2と 1

④ 5は 2と 3

⑤ 2は 1と 1

⑥ 4は 2と 2

⑦ 4 は 1と 3

⑧ 5 は 3と 2

さんすう 6 いくつと いくつ (2)

月 日

とくてん てん

シール

1▷ わけた かずの ぶん、○に いろを ぬって、□に
あてはまる すうじを かきましょう。 1つ5てん→20てん

① 8 → 2 と 6

② 9 → 2 と 7

③ 10 → 5 と 5

④ 7 → 3 と 4

2▷ □に あてはまる すうじを かきましょう。 1つ4てん→24てん

① 10 → 4 と 6

② 8 → 5 と 3

③ 6 → 4 と 2

④ 9 → 4 と 5

⑤ 7 → 2 と 5

⑥ 10 → 3 と 7

3▷ □に あう すうじを かきましょう。 1つ4てん→40てん

① 7は 2と 5

② 6は 5と 1

③ 9 は 1と 8

④ 8は 5と 3

⑤ 10は 7 と 3

⑥ 9 は 3と 6

⑦ 7は 4 と 3

⑧ 6 は 2と 4

⑨ 8 は 7と 1

⑩ 10 は 4と 6

4▷ 2まいの カード《かあど》の かずが、あわせて 10に なるように
カード《かあど》の すうじを くみあわせましょう。 1くみ4てん→16てん

3 8 4 7 1 2 6 5

あまった カード《かあど》は 1 と 5

※左右逆も可。組み合わせは順不同。

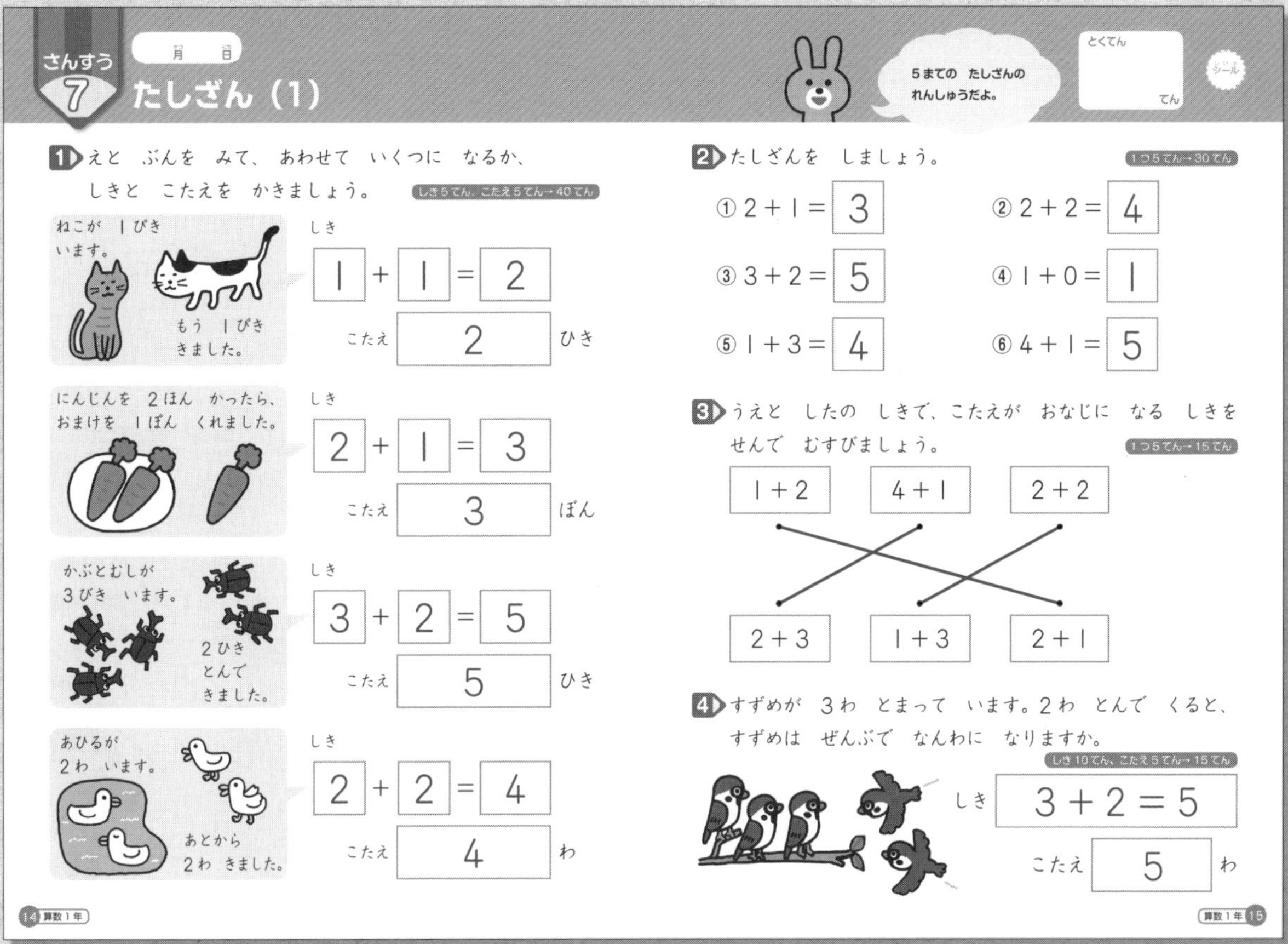

さんすう 7 月 日

たしざん（1）

5までの　たしざんの れんしゅうだよ。

とくてん　　てん

シール

1 えと　ぶんを　みて、あわせて　いくつに　なるか、しきと　こたえを　かきましょう。　しき5てん、こたえ5てん→40てん

ねこが　１ぴき　います。　もう　１ぴき　きました。
しき　1 ＋ 1 ＝ 2
こたえ　2　ひき

にんじんを　2ほん　かったら、おまけを　１ぽん　くれました。
しき　2 ＋ 1 ＝ 3
こたえ　3　ぼん

かぶとむしが　3びき　います。　2ひき　とんで　きました。
しき　3 ＋ 2 ＝ 5
こたえ　5　ひき

あひるが　2わ　います。　あとから　2わ　きました。
しき　2 ＋ 2 ＝ 4
こたえ　4　わ

2 たしざんを　しましょう。　1つ5てん→30てん

① 2＋1＝3　② 2＋2＝4
③ 3＋2＝5　④ 1＋0＝1
⑤ 1＋3＝4　⑥ 4＋1＝5

3 うえと　したの　しきで、こたえが　おなじに　なる　しきを　せんで　むすびましょう。　1つ5てん→15てん

1＋2 ― 2＋1
4＋1 ― 2＋3
2＋2 ― 1＋3

4 すずめが　3わ　とまって　います。2わ　とんで　くると、すずめは　ぜんぶで　なんわに　なりますか。　しき10てん、こたえ5てん→15てん

しき　3＋2＝5
こたえ　5　わ

14 算数1年　　算数1年 15

学習《がくしゅう》のアドバイス

5 いくつと　いくつ（1）

数《かず》を分解《ぶんかい》（分《わ》けること）する問題《もんだい》です。例《たと》えば5は、1と4、2と3（3と2、4と1）です。数字《すうじ》は字《じ》なので分《わ》けられないと思《おも》う子《こ》どももいますが、絵《え》に描《えが》かれたものなら簡単《かんたん》に分《わ》けられます。数《かず》は分解《ぶんかい》のほかに、合成《ごうせい》もあります。例《たと》えば1と4で5、2と3で5などです。この数《かず》の合成《ごうせい》と分解《ぶんかい》は、たし算《ざん》とひき算《ざん》の基礎《きそ》になります。

学習《がくしゅう》のアドバイス

6 いくつと　いくつ（2）

数《かず》が大《おお》きくなっても、数《かず》の合成《ごうせい》と分解《ぶんかい》の考《かんが》え方《かた》で答《こた》えが求《もと》められます。**1**～**3**は、数《かず》の合成《ごうせい》、分解《ぶんかい》の考《かんが》え方《かた》で、答《こた》えの確《たし》かめをしましょう。**4**は、10の合成《ごうせい》、分解《ぶんかい》の考《かんが》え方《かた》で、答《こた》えの数《かず》のカードを見《み》つけましょう。

学習《がくしゅう》のアドバイス

7 たしざん（1）

1 は、たし算《ざん》の式《しき》の意味《いみ》が理解《りかい》できているかが重要《じゅうよう》です。**2** **3** は、おはじきや指《ゆび》を用《もち》いても構《かま》いません。子《こ》どもが指《ゆび》を使《つか》うのは、数《かず》を視覚化《しかくか》して見《み》えやすくする自然《しぜん》な行為《こうい》です。**4** のたし算《ざん》の文章題《ぶんしょうだい》は、問題文《もんだいぶん》の言葉《ことば》から、「きました」「買《か》いました」「合《あ》わせて」「全部《ぜんぶ》で」などの場面《ばめん》を理解《りかい》して立式《りっしき》できるかがポイントです。

さんすう 8 たしざん (2)

月　日

10までの　たしざんの
れんしゅうだよ。

とくてん　　てん

シール

1 たしざんを　しましょう。　1つ5てん→40てん

① 5＋2＝ 7　　② 6＋2＝ 8
③ 4＋5＝ 9　　④ 3＋3＝ 6
⑤ 3＋7＝ 10　　⑥ 3＋4＝ 7
⑦ 2＋4＝ 6　　⑧ 7＋1＝ 8

2 こたえが　10に　なる　ほうの　□に　○を　つけましょう。　1つ5てん→30てん

① 4＋4　□ ／ 2＋8　○
② 6＋4　○ ／ 7＋2　□
③ 5＋5　○ ／ 3＋6　□
④ 8＋1　□ ／ 7＋3　○
⑤ 5＋4　□ ／ 4＋6　○
⑥ 9＋1　○ ／ 2＋7　□

3 いちごの　ケーキ《けえき》を　4こ、くりの　ケーキ《けえき》を　3こ
かいました。ケーキ《けえき》は　ぜんぶで　なんこ　ありますか。　しき5てん、こたえ5てん→10てん

しき　4＋3＝7

こたえ　7　こ

4 あかい　りんごが　5こ、あおい　りんごが　3こ　あります。
りんごは　あわせて　なんこ　ありますか。　しき5てん、こたえ5てん→10てん

しき　5＋3＝8

こたえ　8　こ

5 こたえが　9に　なる　ところを　ぬりましょう。　10てん

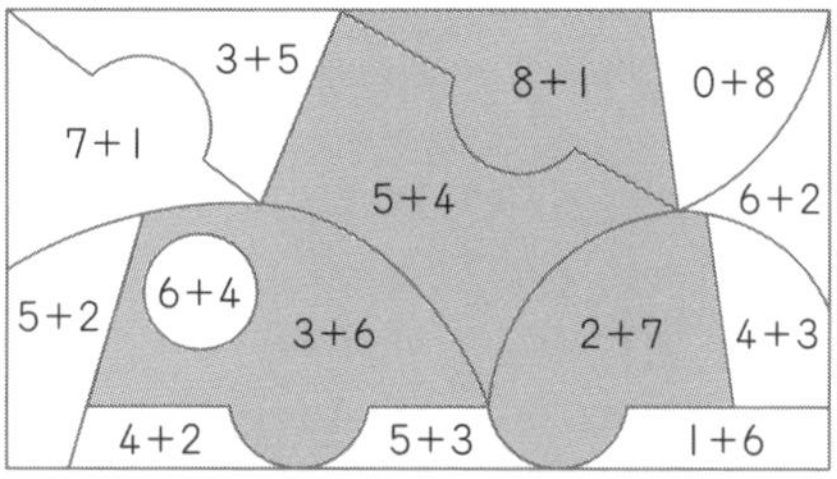

さんすう 9 ひきざん (1)

月　日

5までの　ひきざんの
れんしゅうだよ。
のこりは　いくつかな。

とくてん　　てん

シール

1 えと　ぶんを　みて、のこりは　いくつに　なるか、
しきと　こたえを　かきましょう。　しき5てん、こたえ5てん→40てん

ケーキ《けえき》が　3こ
あります。

2こ　たべました。

しき　3 − 2 ＝ 1

こたえ　1　こ

おりがみが　5まい
あります。

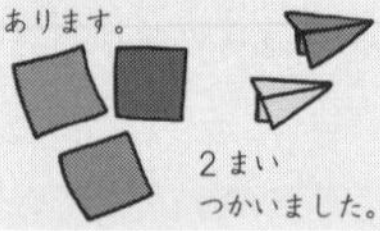

2まい
つかいました。

しき　5 − 2 ＝ 3

こたえ　3　まい

コップ《こっぷ》が　4こ　あります。

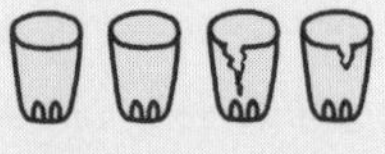

2こ　われて　しまいました。

しき　4 − 2 ＝ 2

こたえ　2　こ

きんぎょが　2ひき　います。

1ぴき　あげました。

しき　2 − 1 ＝ 1

こたえ　1　ぴき

2 ひきざんを　しましょう。　1つ5てん→30てん

① 4－2＝ 2　　② 2－0＝ 2
③ 5－1＝ 4　　④ 4－1＝ 3
⑤ 4－3＝ 1　　⑥ 5－3＝ 2

3 うえと　したの　しきで、こたえが　おなじに　なる　しきを
せんで　むすびましょう。　1つ5てん→15てん

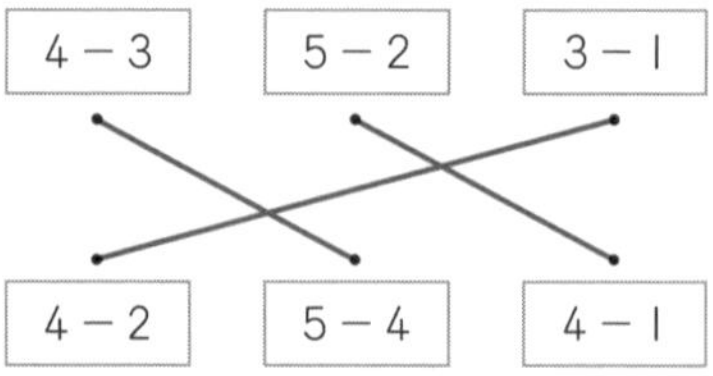

4 ちゅうしゃじょうに　くるまが　5だい　とまって　います。
3だい　でて　いくと、くるまは　なんだい　のこって
いますか。　しき10てん、こたえ5てん→15てん

しき　5－3＝2

こたえ　2　だい

さんすう 10 ひきざん（2）

月《がつ》　日《にち》

10までの　ひきざんの
れんしゅうだよ。
がんばろう。

とくてん　　てん

シール

1 ひきざんを　しましょう。　（1つ5てん→40てん）

① 9－8＝ 1　　② 6－2＝ 4

③ 10－2＝ 8　　④ 7－5＝ 2

⑤ 9－3＝ 6　　⑥ 8－4＝ 4

⑦ 7－2＝ 5　　⑧ 10－4＝ 6

2 こたえが　3に　なる　ほうの　□に　○を　つけましょう。　（1つ5てん→30てん）

① 7－4 ○／9－2

② 5－1／10－7 ○

③ 6－4／5－2 ○

④ 9－6 ○／10－5

⑤ 8－6／6－3 ○

⑥ 8－5 ○／9－4

3 こどもが　8にん　います。　そのうち　3にんは　おんなの　こです。おとこのこは　なんにんでしょう。

（しき5てん、こたえ5てん→10てん）

しき　8－3＝5

こたえ　5　にん

4 ペンギン《ぺんぎん》が　7わ　います。そのうち　4わは　おとなの　ペンギン《ぺんぎん》です。こどもの　ペンギン《ぺんぎん》は　なんわですか。

（しき5てん、こたえ5てん→10てん）

しき　7－4＝3

こたえ　3　わ

5 こたえが　2に　なる　ところを　ぬりましょう。　（10てん）

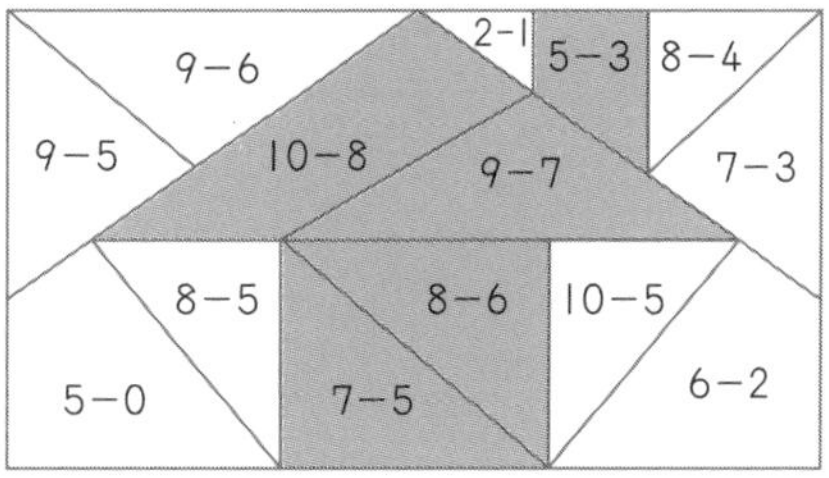

なんの　えが
てて　くるかな。

学習《がくしゅう》のアドバイス

8 たしざん（2）

1 2 は、「たし算九九《ざんくく》」といわれ、練習《れんしゅう》していると、暗算《あんざん》でできるようになります。3 4 は、「全部《ぜんぶ》でいくつ」「合《あ》わせていくつ」の言葉《ことば》にも気《き》をつけて立式《りっしき》するようにしましょう。5 は、9の数《かず》の合成《ごうせい》、分解《ぶんかい》と同《おな》じです。

学習のアドバイス

10 ひきざん（2）

1 2 は、「ひき算九九《ざんくく》」といわれ、練習《れんしゅう》していると、暗算《あんざん》でできるようになります。3 4 は、「男《おとこ》の子《こ》は何人《なんにん》」「（ペンギンの）子《こ》どもは何羽《なんわ》」の言葉《ことば》にも気《き》をつけて、絵《え》を見《み》ながら考《かんが》えると、立式《りっしき》も答《こた》えも簡単《かんたん》に考《かんが》えられます。

学習のアドバイス

9 ひきざん（1）

1 は、ひき算《ざん》の式《しき》の意味《いみ》が理解《りかい》できているかが重要《じゅうよう》です。2 3 は、おはじきや、指《ゆび》を用《もち》いても構《かま》いません。じっくりと取《と》り組《く》みましょう。4 のひき算《ざん》の文章題《ぶんしょうだい》は、問題文《もんだいぶん》の言葉《ことば》から、「のこりは」「食《た》べました」「帰《かえ》りました」「あげました」などの場面《ばめん》を理解《りかい》して、立式《りっしき》できるかがポイントです。

さんすう 11

月 日

ひきざん（3）

とくてん てん

シール

1 きゅうきゅうしゃと トラック《とらっく》の かずを かぞえて、どちらが なんだい おおいか こたえましょう。 1つ6てん→12てん

［トラック］が

［2］だい おおい。

2 ねこと さかなの かずを かぞえて、どちらが なんびき すくないか こたえましょう。 1つ6てん→12てん

［ねこ］が

［1］ぴき すくない。

3 ひきざんを しましょう。 1つ5てん→40てん

① 7－4＝［3］　② 8－3＝［5］

③ 9－2＝［7］　④ 5－4＝［1］

⑤ 8－2＝［6］　⑥ 10－7＝［3］

⑦ 7－3＝［4］　⑧ 9－7＝［2］

4 つぎの ぶんを よんで、ちがいが いくつに なるか こたえましょう。 しき6てん、こたえ6てん→36てん

① トマト《とまと》が 5こ、なすが 3こ あります。
トマト《とまと》は なすより なんこ おおいですか。

しき ［5－3＝2］

こたえ ［2］こ

② ドーナツ《どうなつ》が 10こ、ケーキ《けえき》が 6こ あります。
ケーキ《けえき》は ドーナツ《どうなつ》より なんこ すくないですか。

しき ［10－6＝4］

こたえ ［4］こ

③ にわとりが 4わ、ひよこが 9わ います。
ひよこは にわとりより なんわ おおいですか。

しき ［9－4＝5］

こたえ ［5］わ

さんすう 12

月 日

まとめ

とくてん てん

シール

1 □に あてはまる すうじを かきましょう。 1つ1てん→8てん

① ［2］－［3］－［4］－［5］－［6］－［7］－［8］－［9］－［10］

② ［9］－［8］－［7］－［6］－［5］－［4］－［3］－［2］－［1］

2 ひだりから 5つめの ものを ○で かこみましょう。 4てん

（ひだり）  （みぎ）

3 □に あう すうじを かきましょう。 1つ4てん→24てん

① 6は ［5］と 1　② 9は 3と ［6］

③ ［7］は 4と 3　④ 10は ［4］と 6

⑤ 5は 3と ［2］　⑥ ［8］は 4と 4

4 たしざんを しましょう。 1つ3てん→18てん

① 3＋3＝［6］　② 6＋2＝［8］

③ 4＋0＝［4］　④ 5＋2＝［7］

⑤ 7＋3＝［10］　⑥ 4＋1＝［5］

5 ひきざんを しましょう。 1つ3てん→18てん

① 9－6＝［3］　② 6－2＝［4］

③ 8－3＝［5］　④ 5－4＝［1］

⑤ 7－5＝［2］　⑥ 6－0＝［6］

6 ねこが 7ひき います。3びき くると、ねこは ぜんぶで なんびきに なりますか。 しき6てん、こたえ6てん→12てん

しき ［7＋3＝10］　こたえ ［10］ぴき

7 おりがみが 10まい あります。6まい つかうと、おりがみは なんまい のこって いますか。 しき6てん、こたえ6てん→12てん

しき ［10－6＝4］　こたえ ［4］まい

8 2じはんの とけいを さがして □に ○を かきましょう。 4てん

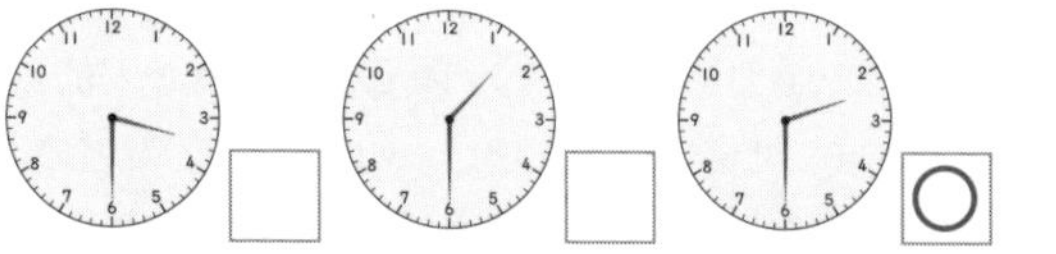

こくご

11 ぶんの よみとり (2)

月《がつ》　日《にち》

ねこに てを なめられると、ざらざらして います。これは、ねこの したには、おろしがねのように、ちいさな とげとげが いっぱい ついて いるからです。どうして とげとげが ついて いるのでしょうか。

それは、ねこが もともと にくを たべる どうぶつだからです。ざらざらの したで、ほねに ついて いる にくを こすり おとして、きれいに たべる ことが できます。

1 うえの ぶんしょうを よんで、もんだいに こたえましょう。

① したが ざらざらして いる どうぶつは、なんですか。 15てん

ねこ

② したが ざらざらして いるのは、なにが ついて いるからですか。 15てん

ちいさな とげとげ。

③ どうして、とげとげが ついて いるのですか。 1つ13てん 26てん

ねこは にく を たべる どうぶつだから。

とくてん　てん

シール

あつい なつの ひ。ありは まいにち あせを ながしながら、たべものを すに はこんで いました。ありの そばで、きりぎりすは のんきに うたって いました。

さむい ふゆに なると、きりぎりすが やって きて、ありに いいました。

「たべものを すこし、わけて ください。」

すると、ありは、

「なつの あいだ、なにを して いたの?」

と、ききました。きりぎりすが

「うたを うたって いたんだよ。」

と いうと、ありは

「では、ふゆは おどれば いいよ。」

そう いうと、バタン《ばたん》と ドア《どあ》を しめて しまいました。

2 うえの ぶんしょうを よんで、もんだいに こたえましょう。

① なつに まいにち、たべものを すに はこんで いたのは、だれですか。 15てん

あり

② その とき、きりぎりすは なにを して いましたか。 15てん

のんきに うたって いました。

③ たべものを わけて ほしいと いった きりぎりすに、ありは どう しましたか。（ ）に ○を つけましょう。 14てん

㋐（　）かわいそうだから たべものを わけて あげました。

㋑（○）バタン《ばた ん》と ドア《どぁ》を しめて しまいました。

学習《がくしゅう》のアドバイス

11 ひきざん (3)

ひき算《ざん》の文章題《ぶんしょうだい》は、このページのように「求大《きゅうだい》」「求小《きゅうしょう》」「求差《きゅうさ》」など、ひき算《ざん》の場面《ばめん》を理解《りかい》するのが難《むずか》しい問題《もんだい》もあります。問題文《もんだいぶん》を理解《りかい》するために、絵《え》や図《ず》、線分図《せんぶんず》などに表《あらわ》して、場面《ばめん》のイメージをとらえると理解《りかい》しやすくなります。

学習《がくしゅう》のアドバイス

12 まとめ

1▶ 2▶ は、数順《すうじゅん》の理解《りかい》を確認《かくにん》する問題《もんだい》です。3▶ は、数《かず》の合成《ごうせい》と分解《ぶんかい》の理解《りかい》を確認《かくにん》する問題《もんだい》です。4▶ は、たし算《ざん》、5▶ は、ひき算《ざん》の理解《りかい》を確認《かくにん》する問題《もんだい》です。6▶ 7▶ は、加減《かげん》の立式《りっしき》と計算《けいさん》の理解《りかい》を確認《かくにん》する問題《もんだい》です。

学習《がくしゅう》のアドバイス

11 ぶんの よみとり (2)

説明文《せつめいぶん》や物語《ものがたり》を読《よ》んで、きちんと理解《りかい》できる読解力《どっかいりょく》を養《やしな》う問題《もんだい》です。まずは文《ぶん》をしっかりと読《よ》みこみましょう。説明文《せつめいぶん》では、理由《りゆう》や因果関係《いんがかんけい》を読《よ》み取《と》る力《ちから》を、物語《もの》では登場人物《とうじょうじんぶつ》の行動《こうどう》など、内容《ないよう》を大《おお》まかにつかむ力《ちから》をつけましょう。

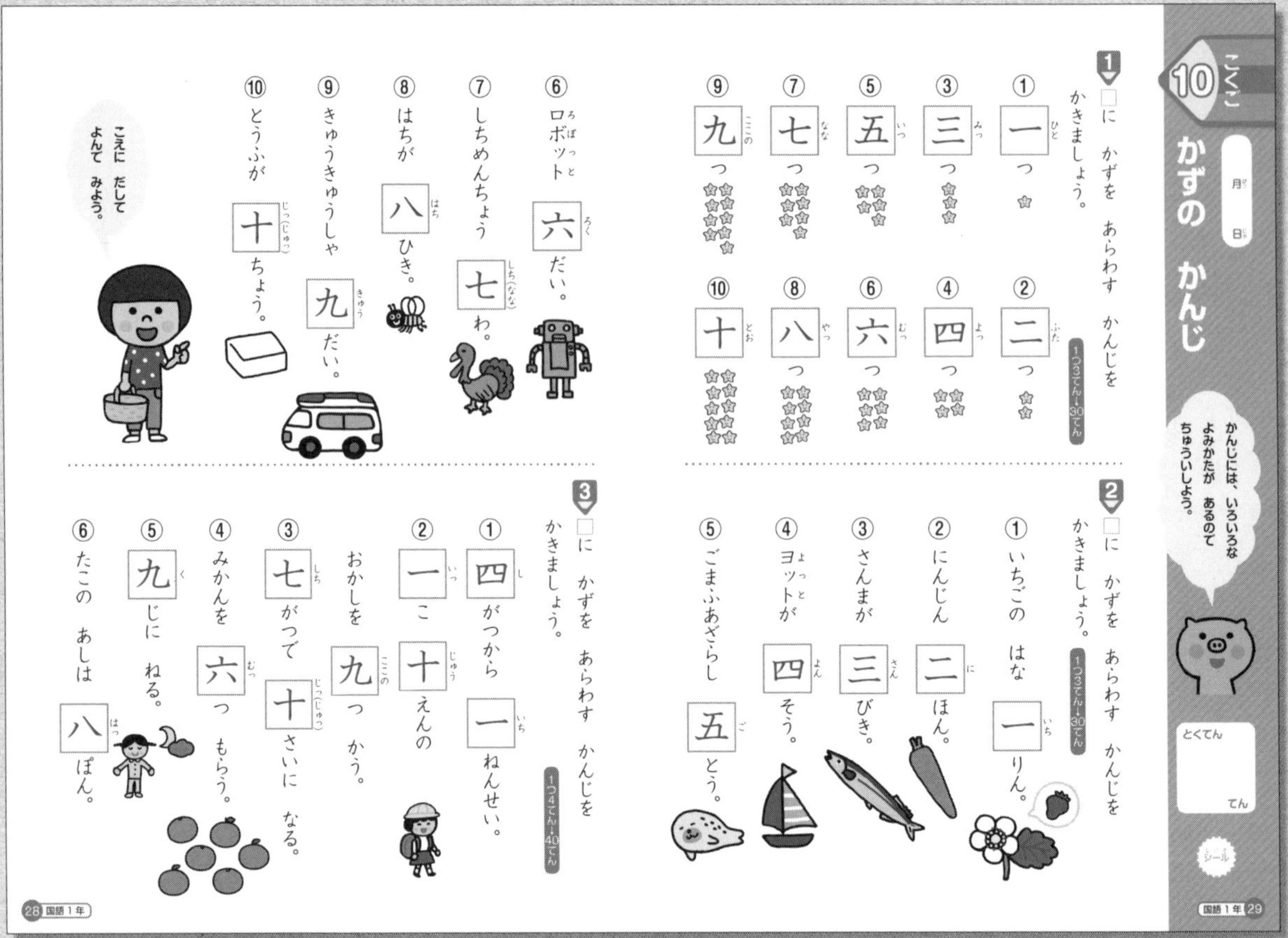

こくご 10 かずの かんじ

月 日

かんじには、いろいろな よみかたが あるので ちゅういしよう。

とくてん てん

シール

1 □に かずを あらわす かんじを かきましょう。（1つ3てん 30てん）

① 一《ひと》つ

② 二《ふた》つ

③ 三《みっ》つ

④ 四《よっ》つ

⑤ 五《いつ》つ

⑥ 六《むっ》つ

⑦ 七《なな》つ

⑧ 八《やっ》つ

⑨ 九《ここの》つ

⑩ 十《とお》

2 □に かずを あらわす かんじを かきましょう。（1つ3てん 30てん）

① いちごの はな 一《いち》りん。

② にんじん 二《に》ほん。

③ さんまが 三《さん》びき。

④ ヨット《よっと》が 四《よん》そう。

⑤ ごまふあざらし 五《ご》とう。

⑥ ロボット《ろぼっと》 六《ろく》だい。

⑦ しちめんちょう 七《しち(なな)》わ。

⑧ はちが 八《はち》ひき。

⑨ きゅうきゅうしゃ 九《きゅう》だい。

⑩ とうふが 十《じっ(じゅっ)》ちょう。

こえに だして よんで みよう。

3 □に かずを あらわす かんじを かきましょう。（1つ4てん 40てん）

① 四《し》がつから 一《いち》ねんせい。

② 一《いっ》こ 十《じゅう》えんの おかしを 九《ここの》つ かう。

③ 七《しち》がつで 十《じっ(じゅっ)》さいに なる。

④ みかんを 六《むっ》つ もらう。

⑤ 九《く》じに ねる。

⑥ たこの あしは 八《はっ》ぽん。

28 国語1年

国語1年 29

学習《がくしゅう》のアドバイス

8 ぶんを つくる (2)

1 は、二《ふた》つの文《ぶん》を一《ひと》つの文《ぶん》にして、「いつ、だれが、どうした」「なにが、なにを、どうした」など、少《すこ》し長《なが》い文《ぶん》を作《つく》る練習《れんしゅう》です。2 3 は、絵《え》を見《み》て短《みじか》い文《ぶん》を作《つく》る問題《もんだい》です。（右上《みぎうえ》の解答《かいとう》は答《こた》えの一例《いちれい》です。）これらをマスターすれば、絵日記《えにっき》や作文《さくぶん》など、少《すこ》しずつ自分《じぶん》で考《かんが》えて文《ぶん》を書《か》けるようになります。

学習《がくしゅう》のアドバイス

9 ぶんの よみとり (1)

短《みじか》い文章《ぶんしょう》を読《よ》んで、問題《もんだい》に答《こた》える練習《れんしゅう》です。文章問題《ぶんしょうもんだい》に慣《な》れるための最初《さいしょ》の一歩《いっぽ》です。時間《じかん》がかかってもよいので、じっくりと問題《もんだい》に取《と》り組《く》む習慣《しゅうかん》をつけましょう。

学習《がくしゅう》のアドバイス

10 かずの かんじ

一《いち》から十《じゅう》までの身近《みぢか》な数《かず》の漢字《かんじ》の練習《れんしゅう》です。正《ただ》しい書《か》き順《じゅん》で、ていねいに書《か》くようにしましょう。また数《かず》の漢字《かんじ》は、読《よ》み方《かた》がいくつもあるので、声《こえ》に出《だ》して読《よ》みながら書《か》くとよいでしょう。

8 ぶんを つくる(2)

月　日

ふたつの ぶんを くっつけて、ひとつに しよう。

とくてん　　てん

シール

1 つぎの ふたつの ぶんを、ひとつに まとめた ぶんに しましょう。 1つ5てん【50てん】

① ［ぼくは いく。 おまつりに いく。］ → (だれは)ぼく は おまつりに (どうする)いく 。

② ［ねこが おいかける。 ねずみを おいかける。］ → (なにが)ねこ が (なにを)ねずみ を (どうする)おいかける 。

③ ［りすが たべる。 どんぐりを たべる。］ → りすが (なにを)どんぐり を たべる。

④ ［ぼくは おきた。 七《しち》じに おきた。］ → ぼくは (いつ)七じ に (どうした)おきた 。

⑤ ［そらに かかる。 にじが かかる。］ → (どこに)そら に (なにが)にじ が かかる。

2 えに あう ことばを かんがえて、かきましょう。 1つ5てん【20てん】

① (なにで)ほうき で おちばを はく。

② (なにが)さる が きに のぼる。

③ (どこで)かわ で (なにを)さかな を つかまえる。

3 えに あうように □に ことばを いれましょう。 1つ5てん【30てん】

①

(なにが)あひる が (どこで)いけ で およぐ。

②

(だれが)いもうと が (なにを)かきごおり を たべる。

③

(だれは)たかし(さん) は (なにを)ねこ を だいた。

9 ぶんの よみとり(1)

月　日

ぶんを しっかり よめば だいじょうぶ！

とくてん　　てん

シール

1 つぎの ぶんを よんで、もんだいに こたえましょう。 1つ5てん【30てん】

おまつりで あまい わたがしを たべました。

①「どんな」 わたがしを たべましたか。

（あまい（わたがし））

はやしの なかで、おおきな かぶとむしを みつけました。

②「どんな」 かぶとむしを みつけましたか。

（おおきな（かぶとむし））

ともだちと こうえんへ いきました。 はじめに、おにごっこを しました。 そのあと、すべりだいで あそびました。

③「どこ」へ いきましたか。

（こうえん）

④「だれ」と いきましたか。

（ともだち）

⑤はじめに 「なに」を しましたか。

（おにごっこ）

⑥そのあと 「なに」で あそびましたか。

（すべりだい）

2 つぎの ぶんを よんで、もんだいに こたえましょう。 1つ10てん【70てん】

だんごむしは、きけんを かんじたり、つよい ひかりが あたったりすると、からだを まるめます。

①だんごむしは どんな ときに からだを まるめますか。

きけん を かんじたり、つよい ひかり が あたったりする とき。

サボテン《さぼてん》の とげは、はっぱが かたちを かえた ものです。

②サボテン《さぼてん》の とげは、なにが かたちを かえた ものですか。

はっぱ が かたちを かえた もの。

ちを すうのは めすの カ《か》です。たまごを うむために えいようが ひつようなのです。

③ちを すうのは おすと めす どちらの カ《か》ですか。

めす の カ《か》。

④なぜ えいようが ひつようなのですか。

たまご を うむ ため。

のうさぎは、てきに みつからないように、はるは ちゃいろ、ふゆは しろい けに かわります。

⑤のうさぎは、ふゆは なにいろの けに かわりますか。

しろい けに かわります。

こくご 7 ぶんを　つくる（1）

月《がつ》　日《にち》

「なにが（は）」「なにを」「どうする（どんなだ）」て、ぶんを　つくろう。

とくてん　　てん

シール

1 ただしい　ぶんに　なるように　せんで　むすびましょう。　1つ4てん→24てん

①
ほんを ― よむ。
あめが ― ふる。
バッタ《ばった》は ― むしだ。

②
さんまは ― さかなだ。
コップ《こっぷ》が ― われる。
はを ― みがく。

2 □に　あう　ことばを　□から　えらんで、ぶんを　つくりましょう。　1つ5てん→20てん

① ぞうは（どんなだ）おおきい。
② なまえを（どうする）かく。
③ はなが（どうする）さく。
④ とりが（どうする）なく。

かく　なく　さく　おおきい

3 ことばの　つかいかたが　ただしい　ほうを　○で　かこみましょう。　1つ4てん→20てん

① シャツ《しゃつ》を　はく。　（きる。）
② ズボン《ずぼん》を　（はく。）　きる。
③ タオル《たおる》を　きる。　（まく。）
④ ぼうしを　（かぶる。）　はく。
⑤ めがねを　かぶる。　（かける。）

4 えを　みて　ぶんを　つくりましょう。　1つ6てん→36てん

①（なには）いちご　は　（どんなだ）あかい　。
②（なにが）さかな　が　（どうする）およぐ　。
③（なにを）すいか　を　（どうする）たべる　。

学習《がくしゅう》のアドバイス

5 「は」「を」「へ」の　つかいかた

助詞《じょし》（くっつきことば）のなかで、多《おお》くの子《こ》どもがつまずきやすい、「は」「を」「へ」の練習《れんしゅう》です。「は」「を」「へ」は音《おと》と表記《ひょうき》が異《こと》なるため、子《こ》どもは混乱《こんらん》してしまいます。例《たと》えば、うっかり音《おと》の通《とお》りに書《か》いてしまうと、「わたしわ…」とまちがえてしまうのです。夏休《なつやす》み中《ちゅう》にくりかえし練習《れんしゅう》して、しっかり定着《ていちゃく》させましょう。

学習《がくしゅう》のアドバイス

6 ひらがな（3）

1 は促音《そくおん》（「っ」で表記《ひょうき》される音《おん》）、2 3 は拗音《ようおん》（「ゃ」、「ゅ」、「ょ」で表記《ひょうき》される音《おん》）、4 は長音《ちょうおん》（母音《ぼいん》をのばす音《おん》、「あ」や「う」などで表記《ひょうき》される）の練習《れんしゅう》です。促音《そくおん》と拗音《ようおん》は、字《じ》の大《おお》きさと位置《いち》に気《き》をつけて書《か》きましょう。長音《ちょうおん》は正《ただ》しく書《か》けるようにいろいろなことばを書《か》いて、くりかえし練習《れんしゅう》しましょう。

学習《がくしゅう》のアドバイス

7 ぶんを　つくる（1）

二《ふた》つの語《ご》でできた短《みじか》い文《ぶん》を作《つく》る問題《もんだい》です。主語《しゅご》にあう述語《じゅつご》を見《み》つけたり、絵《え》をみて文《ぶん》を作《つく》ったりします。日《に》本語《ほんご》では、主語《しゅご》を省略《しょうりゃく》しても通《つう》じるという特性《とくせい》があります。なお、4 の解答《かいとう》は答《こた》えの一例《いちれい》です。

こくご 5 「は」「を」「へ」の つかいかた

月《がつ》　日《にち》

1 ただしい ぶんに なるように せんで むすびましょう。（1つ2てん 12てん）

①
- いえへ ― かえる。
- いちごを ― たべる。
- うみは ― あおい。

②
- いえを ― たてる。
- いちごは ― あかい。
- うみへ ― でかける。

2 □に「は」「を」「へ」の どれかを かいて、ぶんを つくりましょう。（1つ2てん 12てん）

① きょう [は]、えんそくです。おべんとう [を] もって、どうぶつえん [へ] いきました。

② ぼく [は]、さかな [を] つりに かわ [へ] いきました。

とくてん　　てん

シール

3 □に あう じを 〈 〉から えらんで かきましょう。（1つ2てん 26てん）

① に[わ]〈は・わ〉[は]〈は・わ〉、はなで いっぱいだ。

② [お]〈お・を〉りがみ[を]〈お・を〉 [お]〈お・を〉る。

③ い[え]〈え・へ〉[へ]〈え・へ〉 か[え]〈え・へ〉る。

④ [わ]〈は・わ〉たし[は]〈は・わ〉 わらう。

⑤ ぼく[は]〈は・わ〉 か[お]〈お・を〉[を]〈お・を〉 あらう。

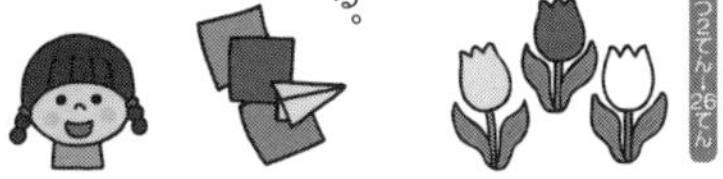

4 まちがえて いる じに ×を つけて、ただしい じを みぎに かきましょう。（1つ5てん 50てん）

① おとうと~~お~~を むか✕えに こうえん~~え~~へ いく。

② はる~~わ~~は あたたかい。

③ えいがかん~~え~~へ いく。

④ わたし~~わ~~は いえ~~え~~へ いそいだ。

⑤ はは~~わ~~は いも~~お~~うとを ~~を~~おんぶ した。

こくご 6 ひらがな (3)

月《がつ》　日《にち》

1 ちいさく かく じに きを つけて、えに あう ことばを かきましょう。（1つ3てん 15てん）

① せっけん
② きって
③ はっぱ
④ がっこう
⑤ らっぱ

2 ちいさく かく じに きを つけて、えに あう ことばを かきましょう。（1つ3てん 15てん）

① じょうぎ
② じどうしゃ
③ しょうゆ
④ こうちゃ
⑤ ちゅうしゃ

とくてん　　てん

シール

3 えに あう ことばを かきましょう。（1つ5てん 35てん）

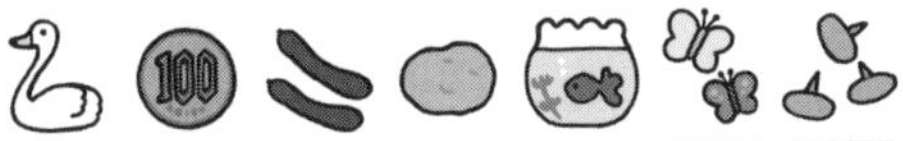

① がびょう
② ちょう
③ きんぎょ
④ じゃがいも
⑤ きゅうり
⑥ ひゃくえん
⑦ はくちょう

4 えに あう ことばを かきましょう。（1つ5てん 35てん）

① ふくろう
② ひこうき
③ ろうそく
④ ぶどう
⑤ おうさま
⑥ おおかみ
⑦ せんべい

こくご ④ くっつき ことば

月《がつ》　日《にち》

ことばと ことばを つなげる「くっつき ことば」を おぼえよう。

とくてん　　てん

シール

1 □に あう じを 〈 〉から えらんで かきましょう。　1つ2てん・20てん

① あみ［で］〈と・で〉、むし［を］〈が・を〉 つかまえる。

② さくら［の］〈や・の〉 はな［が］〈に・が〉 さく。

③ ともだち［の］〈の・へ〉 かた［を］〈を・に〉 たたく。

④ いぬ［と］〈の・と〉 にわ［で］〈へ・で〉 あそぶ。

⑤ うみ［や］〈や・で〉 やま［に］〈を・に〉 いく。

2 □に「が」「に」「を」の どれかを かいて、ぶんを つくりましょう。　1つ2てん・12てん

① おすし［を］ たべる。

② ひこうき［に］ のる。

③ うんどうかい［が］ はじまる。

④ えんそく［に］ いく。

⑤ えほん［を］ よむ。

⑥ にわとり［が］ なく。

3 □に「が」「に」「を」の どれかを かいて、えに あう ぶんを つくりましょう。　1つ2てん・12てん

① 

にわとり［が］ たまご［を］ うむ。

② 

ケーキ《けえき》［に］ ろうそく［を］ たてる。

③ 

いもうと［が］ はなび［を］ する。

4 □に「が」「に」「を」の どれかを かいて、ぶんを つくりましょう。　1つ4てん・56てん

① ちょう［が］ はな［に］ とまる。

② パン《ぱん》［に］ ジャム《じゃむ》［を］ ぬる。

③ とり［が］ そら［を］ とぶ。

④ せつぶん［に］ まめ［を］ まく。

⑤ つき［が］ そら［に］ のぼる。

⑥ パンダ《ぱんだ》［が］ ささ［を］ たべる。

⑦ はな［に］ みず［を］ やる。

学習《がくしゅう》のアドバイス

② ひらがな（2）

濁音《だくおん》、半濁音《はんだくおん》の練習《れんしゅう》です。濁点《だくてん》（゛）、半濁点《はんだくてん》（゜）の位置《いち》に注意《ちゅうい》しながら、濁音《だくおん》・半濁音《はんだくおん》の読《よ》み書《か》きが正《ただ》しくできるようにしましょう。**2** は、「じ」と「ぢ」、「ず」と「づ」の使《つか》い分《わ》けです。発音《はつおん》が同《おな》じなので注意《ちゅうい》しましょう。**3** は、教科書《きょうかしょ》でもよく扱《あつか》われている問題《もんだい》です。濁点《だくてん》がつくと、別《べつ》のことばになるという、おもしろさがあります。ほかにも「はね」と「ばね」、「からす」と「がらす」などがあります。

学習《がくしゅう》のアドバイス

③ あいさつ

日常生活《にちじょうせいかつ》のなかで自然《しぜん》と身《み》につくあいさつを文字《もじ》で学《まな》びながら、ひらがなの練習《れんしゅう》をしましょう。「こんにちは」や「こんばんは」は、「こんにちわ」「こんばんわ」と書《か》きまちがえやすいので、注意《ちゅうい》しましょう。場面《ばめん》に合《あ》ったあいさつができるよう、日頃《ひごろ》からあいさつを交《か》わすように心《こころ》がけましょう。

学習《がくしゅう》のアドバイス

④ くっつき ことば

文《ぶん》を作《つく》るのに大切《たいせつ》な、助詞《じょし》（くっつきことば）の練習《れんしゅう》です。「が」「に」「を」「で」「の」「と」「や」などを、文《ぶん》の前後《ぜんご》を読《よ》んで、正《ただ》しく使《つか》い分《わ》けできるようにしましょう。

こくご 2
ひらがな（2）

月　日

「゛」や「゜」が つく ことばを あつめて みたよ。ただしく かけるかな？

とくてん　てん

シール

1 「゛」を つけて、ただしい ことばに しましょう。 1つ4てん→16てん

①ながれぼし　②ながぐつ
③だんごむし　④どんぐり

2 ただしい ことばに ○を つけましょう。 1つ4てん→16てん

① ○はなぢ　はなじ
② ○かんづめ　かんずめ
③ ○ちず　ちづ
④ ○かなづち　かなずち

3 「゛」を つけて、べつの ことばを つくりましょう。 1つ4てん→16てん

① かき → かぎ
② さる → ざる
③ ふた → ぶた
④ こま → ごま

4 「゜」や「゛」を つけて、ただしい ことばに しましょう。 1つ4てん→16てん

①ほっぺた　②きんぴらごぼう
③せんぷうき　④かっぱ

5 したに ある ひらがなを □に いれて、ことばを つくりましょう。 1つ4てん→16てん

①はんぺん
②さんぽ
③はらっぱ
④かんぴょう

ぱ　ぺ　ぽ　ぴ

6 えに あう ことばを かきましょう。 1つ4てん→20てん

①こんぺいとう
②えんぴつ
③たんぽぽ
④おんぷ
⑤てんぷら

こくご 3
あいさつ

月　日

ばめんに あわせて あいさつが できて いるかな？

とくてん　てん

シール

1 えに あう あいさつを えらんで、せんで むすびましょう。 1つ6てん→18てん

① こんばんは。（③）
② さようなら。（①）
③ こんにちは。（②）

（①—さようなら。　②—こんにちは。　③—こんばんは。）

2 ただしい あいさつの こたえかたを かきましょう。 1つ9てん→18てん

①いってきます。
②ただいま。

3 ばめんに あった あいさつを □ から えらんで、かきましょう。 1つ8てん→64てん

①あさ、おきたら。　おはよう。
②プレゼント《ぷれぜんと》を もらったら。　ありがとう。
③ごはんを たべおわったら。　ごちそうさま。
④ものを こわしたら。　ごめんなさい。
⑤おうちの ひとが でかける ときに。　いってらっしゃい。
⑥ごはんを たべる まえに。　いただきます。
⑦よる、ねる まえに。　おやすみなさい。
⑧おうちの ひとが いえに かえって きたら。　おかえりなさい。

ごめんなさい。　いただきます。　ありがとう。
おはよう。　おかえりなさい。　ごちそうさま。
いってらっしゃい。　おやすみなさい。

別冊《べっさつ》

★取《と》り外《はず》して使《つか》えます。

夏休《なつやす》みドリル こくご 解答《かいとう》とアドバイス

小学《しょうがく》1年《ねん》

おうちのかたへ

ドリルが終《お》わったら答《こた》え合《あ》わせをして、点数《てんすう》をつけましょう。もし、わからなかった問題《もんだい》やまちがえた問題《もんだい》があったら、「学習《がくしゅう》のアドバイス」を読《よ》んで、お子《こ》さんに説明《せつめい》しながら、もう一度《いちど》やりましょう。そうして勉強《べんきょう》していけば、必《かなら》ず力《ちから》がつきます。

学習《がくしゅう》のアドバイス

1 ひらがな（1）

ひらがなの書《か》き順《じゅん》は、最初《さいしょ》のうちにしっかりとマスターしておきましょう。声《こえ》に出《だ》して読《よ》みながら、ゆっくりとていねいに書《か》きましょう。2は、絵《え》に合《あ》うことばを書《か》く練習《れんしゅう》です。まちがえやすい似《に》た文字《もじ》を集《あつ》めています。上《うえ》の五十音表《ごじゅうおんひょう》を見《み》ながら、文字《もじ》のちがいに気《き》をつけて書《か》きましょう。

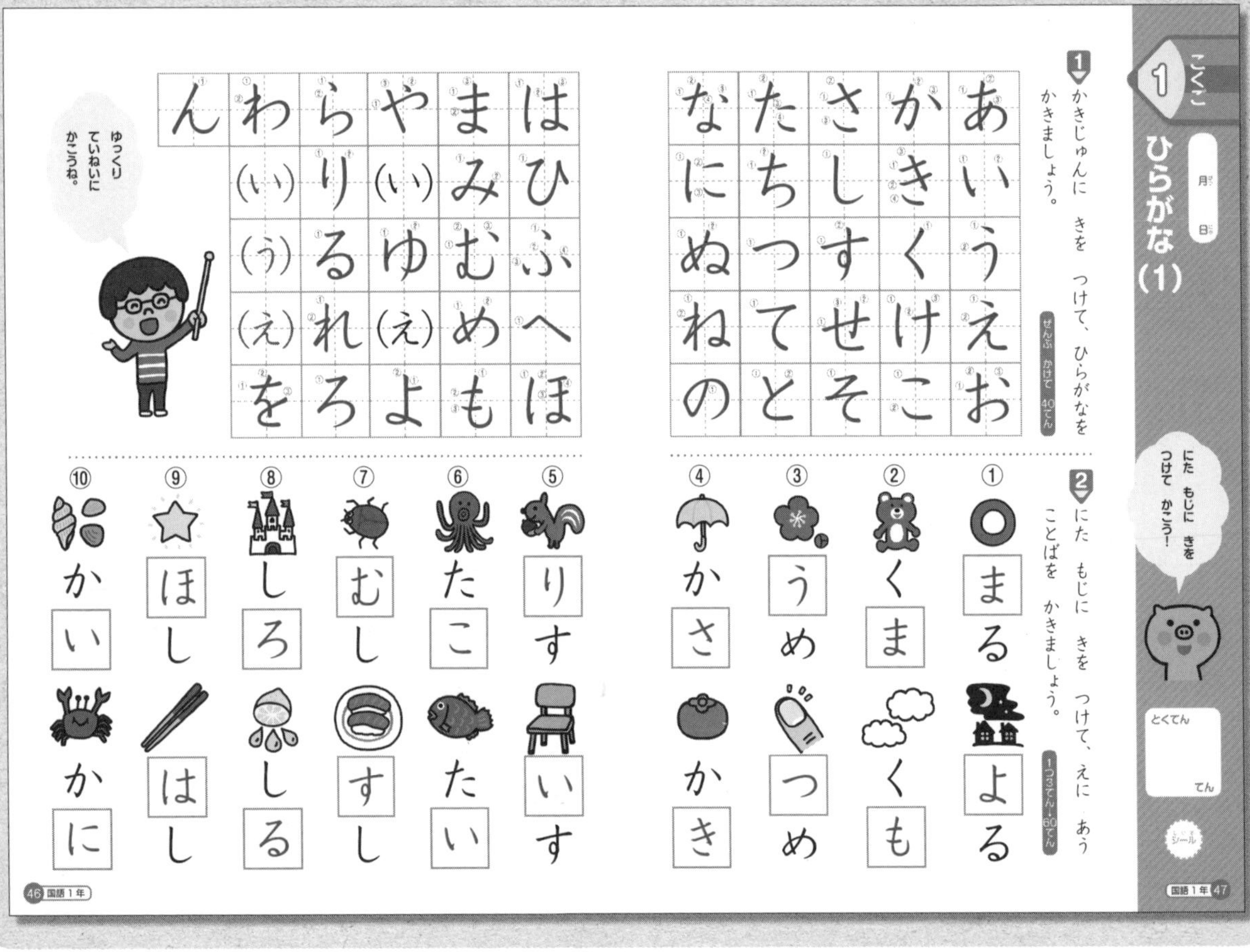
こくご 1 ひらがな（1）

月　日

1 かきじゅんに　きを　つけて、ひらがなを　かきましょう。（ぜんぶ　かけて　40てん）

あいうえお
かきくけこ
さしすせそ
たちつてと
なにぬねの
はひふへほ
まみむめも
や（い）ゆ（え）よ
らりるれろ
わ（い）（う）（え）を
ん

2 にた　もじに　きを　つけて、えに　あう　ことばを　かきましょう。（1つ3てん・60てん）

① まる　よる
② くま　くも
③ うめ　つめ
④ かさ　かき
⑤ りす　いす
⑥ たこ　たい
⑦ むし　すし
⑧ しろ　しる
⑨ ほし　はし
⑩ かい　かに